普通高等教育农业农村部“十四五”规划教材

普通高等教育“十四五”规划教材

Python 语言程序设计教程

陈湘骥　梁　云　主编

中国农业大学出版社
·北京·

内 容 简 介

本书介绍了 Python 编程语言的基础知识和程序设计方法。全书共分 11 章，循序渐进地引导读者逐步学习 Python 的基本概念和应用。第 1、2 章介绍与程序设计相关的概念、基本数据类型和表达式的使用；第 3、4 章进一步讲解输入与输出、选择结构、循环结构和异常处理结构的语法与应用；第 5、6 章深入讲解和学习自定义函数、结构化数据类型及其应用；第 7 章介绍了文件操作；第 8～11 章通过案例引导读者学会运用标准库和扩展库解决实际应用中遇到的问题，展示了 Python 语言在 GUI 编程、数据分析、数字图像处理、网络编程等领域的应用。本书力求概念清楚、结构严谨，叙述通俗易懂，采用“提出问题—分析问题—解决问题”的方式阐述程序设计的思路与方法。

本书适合高等学校计算机及相关理工科专业的学生使用，也可以作为各专业计算机语言类公共课教材和程序设计初学者的参考用书。

图书在版编目(CIP)数据

Python 语言程序设计教程 / 陈湘骥，梁云主编. --北京：中国农业大学出版社，2024. 9
ISBN 978-7-5655-3240-5

Ⅰ. TP311. 561

中国国家版本馆 CIP 数据核字第 202423UZ77 号

农业农村部教材办公室审定编号：NY-1-0157

书　名 Python 语言程序设计教程
Python Yuyan Chengxu Sheji Jiaocheng
作　者 陈湘骥　梁　云　主编

策划编辑	张秀环	**责任编辑**	潘博闻
封面设计	李尘工作室		
出版发行	中国农业大学出版社		
社　址	北京市海淀区圆明园西路 2 号	**邮政编码**	100193
电　话	发行部 010-62733489，1190	读者服务部	010-62732336
	编辑部 010-62732617，2618	出　版　部	010-62733440
网　址	http://www.caupress.cn	**E-mail**	cbsszs@cau.edu.cn
经　销	新华书店		
印　刷	河北朗祥印刷有限公司		
版　次	2024 年 11 月第 1 版　　2024 年 11 月第 1 次印刷		
规　格	185 mm×260 mm　16 开本　13.25 印张　321 千字		
定　价	45.00 元		

编审人员

主　编　陈湘骥　梁　云

副主编　李玉峰　邱少健

编　者（按姓氏笔画排序）

王国华　李双娟　李玉峰　邱少健

陈湘骥　林旭东　梁　云

主　审　肖　磊

前 言

在当今计算机应用飞速发展及广泛普及的时代，程序设计不仅是计算机相关专业重要的基础课程，也是高等学校理工科学生利用计算机解决实际问题的必要条件之一。党的二十大报告首次把教育、科技、人才进行“三位一体”统筹安排、一体部署。Python 语言作为目前世界上使用最广泛的语言之一，推广学习 Python 语言，有助于信息化人才培养，推动数字化时代全面建设社会主义现代化国家的进程。

Python 语言自 1991 年发行第一个版本以来，目前已经成为应用最广泛的计算机程序设计语言之一，是国内外大学程序设计课程最普遍使用的计算机语言之一。Python 语言功能丰富，表达能力强，使用灵活方便，有丰富的第三方库，且具有极强的扩展能力。近十年，Python 语言迅速渗透数据采集、数据分析、科学计算、人工智能、图像处理、移动终端开发等众多计算机核心领域，展现出了极强的生命力。

本书作为以 Python 语言讲授程序设计入门的基础教材，旨在让读者学习和理解基本的编程思维方式，了解如何进行科学计算，用计算机编程解决问题的一般思路与方法，为进一步学习和应用打下基础。本书内容全面、体系科学、前后衔接顺畅，知识点的安排由浅入深、循序渐进。全书围绕结构化程序设计的方法，详细介绍 Python 语言的语法规则和程序设计的基本方法，省略了难以掌握的类的定义与继承、装饰器、元类、并发编程等高阶内容，在编写中力求做到概念叙述准确、语言简练通俗。书中示例丰富，覆盖面广，既包括理解语法的内容，又有增加兴趣和提高编程能力的例子。学习本书之前不需要具备程序设计的知识，特别适合把 Python 语言作为第一门编程语言的读者。

本书以 Python3 标准为基础，适应当下 Python 语言的发展。书中的例子在 Windows 操作系统中使用 Python3.11.1 环境调试通过。除了个别程序之外，绝大多数代码在 Python3.8 环境下也可运行。

本书因知识结构完整的需要，部分内容会重复，适当的重复符合新手的认知过程。另外，本书采用黑色底的文字块作为计算机控制台窗口显示的内容，白色的文字是用户通过键盘输入的内容回显，灰色的文字是计算机输入提示或输出语句输出的内容。

本书适用于课堂教学 32～48 学时，实验教学 16～24 学时。建议在教学中注重学生计算思维和编程思想的培养，采用任务驱动、案例教学相结合的教学模式，以提高学生学习的兴趣和主动性。本书配套建设有“基于自动评判的Python语言程序设计课在线实验教学系统”，供学生在课内外进行编程练习，增加学生编程训练量。本书中需要用到的资料可以通过网址http://www.findkit.cn/pythonbook/material.zip下载。

本书由多名从事多年程序设计教学的专业教师共同编写完成，陈湘骥编写第1～4章，梁云编写第5、6章，李玉峰编写第7章，李双娟编写第8章，林旭东编写第9章，王国华编写第10章，邱少健编写第11章。全书由陈湘骥、梁云统稿，肖磊主审。

本书在编写过程中得到了许多老师的帮助，在此表示诚挚的谢意。由于作者水平有限，书中错误和不足之处在所难免，敬请读者批评指正。

编　者

2023年12月

例题索引

【数值计算】

【数列计算与排列】

【字符或字符串处理】

例题	所在章节
例 1-3 词云	第 1 章第 4 节
例 4-12 统计数字字符	第 4 章第 2 节
例 5-8 不同单词出现的次数	第 5 章第 4 节
例 6-5 判断回文串	第 6 章第 3 节
例 6-6 单词数	第 6 章第 3 节
例 6-7 回文串变换	第 6 章第 3 节

【数字图案生成与变换】

例题	所在章节
例 4-17 九九乘法表	第 4 章第 2 节
例 4-19 数字菱形	第 4 章第 2 节
例 6-2 杨辉三角	第 6 章第 1 节

【数据查找、分析与统计】

例题	所在章节
例 1-3 词云	第 1 章第 4 节
例 4-5 评分等级	第 4 章第 1 节
例 4-7 判断月份有多少天	第 4 章第 1 节
例 4-8 分数等级	第 4 章第 1 节
例 4-9 体测及格判定	第 4 章第 1 节
例 4-12 统计数字字符	第 4 章第 2 节
例 4-15 输出不及格成绩	第 4 章第 2 节
例 4-16 判断素数	第 4 章第 2 节
例 4-18 输出范围内的素数	第 4 章第 2 节
例 4-21 学生组合	第 4 章第 3 节
例 5-2 偶数的素数分解	第 5 章第 2 节
例 5-8 不同单词出现的次数	第 5 章第 4 节
例 6-1 学生成绩统计	第 6 章第 1 节
例 6-6 单词数	第 6 章第 3 节
例 6-8 筛选素数	第 6 章第 4 节
例 6-9 投票统计	第 6 章第 5 节
例 9-3 概率分布	第 9 章第 3 节
例 9-4 销售统计	第 9 章第 4 节
例 9-5 数据查询与分析	第 9 章第 4 节
综合案例——股票历史数据分析	第 9 章第 6 节

【文件与文件夹操作】

例题	所在章节
例 7-1 读取文本文件	第 7 章第 4 节
例 7-2 写入文本文件	第 7 章第 4 节
例 7-3 文件中的单词排序	第 7 章第 4 节
例 7-4 查找与显示文件名	第 7 章第 5 节

【GUI 界面操作】

例题	所在章节
例 8-1 任务记录本	第 8 章第 2 节
例 8-2 点菜	第 8 章第 2 节
综合案例——连连看	第 8 章第 3 节

【图像处理应用】

例题	所在章节
例 10-1 图像边缘提取	第 10 章第 2 节
例 10-2 灰度图像直方图均衡化	第 10 章第 4 节
例 10-3 彩色图像直方图均衡化	第 10 章第 4 节
例 10-4 图像去噪	第 10 章第 4 节
例 10-5 图像去模糊	第 10 章第 4 节
例 10-6 人脸检测	第 10 章第 5 节
例 10-7 识别二维码	第 10 章第 6 节
例 10-8 生成二维码	第 10 章第 6 节

【网络应用】

例题	所在章节
例 11-1 获取网页信息	第 11 章第 4 节
例 11-2 网络聊天工具	第 11 章第 5 节
例 11-3Web 服务	第 11 章第 6 节

目录

contents

第 1 章　Python 语言与程序设计概述

【学习目标】

(1)了解计算机语言和程序设计的概念。

(2)了解计算机程序设计的基本过程。

(3)了解 Python 语言的发展历史和特点。

(4)了解 Python 语言程序的一般开发过程。

1.1　计算机与程序设计

计算机是信息时代的主要支持工具,它的功能非常强大,能帮助人类完成许多非常复杂的工作。然而一台只包含硬件系统的计算机什么也不能做,这是因为计算机上还没有安装任何计算机程序(也就是软件)。硬件是计算机拥有强大功能的物理基础,计算机程序是计算机能够正常工作和按指定要求完成任务的前提条件。

1.1.1　指令与程序

中央处理器(CPU)是计算机硬件的大脑,CPU 中的控制器通过指令指挥计算机按照人们的意图进行工作。计算机能执行的各种不同指令的集合,称为计算机的指令系统,所有计算机均有自己特定的指令系统,不同 CPU 的指令内容和格式有所不同。

一条指令本身只能完成一个最基本的功能,例如,实现一次加法运算或实现一次数值大小的判断。指令系统中不同的指令能完成不同的简单任务。通过对多条指令的有序组织,能够完成复杂的工作,一系列计算机指令的有序组合就构成了程序。计算机只是一台机器,它只是按照程序既定的逻辑步骤工作,因此人们必须制定能够使计算机理解的程序逻辑,计算机才能按要求去工作,这种逻辑是为了实现某个目标而人为制定的。

计算机程序(program)可以理解为人们为解决某种问题而用计算机可以识别的指令组合排列成的一系列工作步骤,计算机能严格按照这些步骤去执行任务。

人们可以借助计算机能够理解的语言编写程序,用以告诉计算机应该处理哪些数据以及如何来处理数据,称为程序设计。程序是程序设计的结果和目标,程序设计是产生程序的过程。

1.1.2　程序设计语言

程序设计语言(programming language)是用于编写计算机程序的语言。程序设计语言是为方便人们进行程序设计而提供的一种手段,是人与计算机交流的语言,程序设计语言也在随着计算机技术的发展而不断地发展。程序设计语言大致可以分成3类：

(1)机器语言　机器语言是指由二进制代码按照一定规则组成的命令集合，也称为机器指令集合。机器语言是唯一能被计算机直接理解和执行的程序设计语言。机器语言的每一条语句实际上是一条机器指令，它以二进制形式表示，书写时为了方便经常使用十六进制形式。机器语言的优点是编写的程序可以直接由计算机识别、执行效率高；其缺点是指令难于记忆、编程非常困难、可读性差，而且由于不同种类的计算机的指令集存在较大差异，所以机器语言编写的程序难以移植。

(2)汇编语言　为了解决机器语言难记忆、可读性差的缺点，人们把机器语言用英文助记符和符号地址来表示，这种助记符语言称为汇编语言。汇编语言的可读性、可记忆性比机器语言有了很大改善，而且保持了其执行效率高的优点。由于助记符与机器指令一一对应，依赖于具体的硬件，而且汇编语言语句功能简单，导致程序编写逻辑复杂，可读性依然不强，可移植性极差。汇编语言编写的程序，必须翻译成计算机可以识别的机器指令后才能在计算机上执行。

(3)高级语言　高级语言是更接近人类的自然语言和数学语言的表示方法。其特点是在一定程度上与具体计算机的结构无关，具有更强的表达能力。使用高级语言可以方便地表示数据的运算和程序的控制结构，使用户更容易掌握。高级语言方便易学，因此使用范围覆盖了计算机应用的各个方面。同时高级语言的种类也非常多，应用比较广泛的高级语言就有几十种，每种高级语言都有其适用的领域。

高级语言的出现使计算机程序设计语言不再过度地依赖某种特定的机器或环境，这是因为高级语言在不同的机器上可以被编译成不同的机器语言，从而顺利地运行在不同的机器上。

为了使程序设计更加接近自然语言的表达方式，方便人们编写程序实现特定功能，包括Python语言在内的高级语言都必须具有以下4种基本能力：

(1)数据表达能力　为了在程序中有效地表达各种各样的数据，程序设计一般将常见数据进行归纳总结，尽可能地将所有数据抽象为若干种类型。数据类型就是对某些具有共同特点的数据集合的总称。通常说的整数、实数就是数据类型的例子。

高级语言中一般都事先定义几种基本的数据类型供程序员直接使用，例如，Python语言中的整型、实型(浮点型)、字符串型等。这些基本数据类型在程序中的具体表现主要有常量和变量两种形式。常量的值在程序中不可改变，而变量的值则可在程序运行中改变。

同时，为了使程序员能更充分地表达各种复杂的数据，包括Python语言在内的高级语言还提供了丰富的复杂数据类型，如列表、元组、字典和集合等。

(2)数据运算能力　数据运算是程序对数据进行的最基本也是最重要的处理，为了使程序员能够方便地描述和处理运算，高级语言通常都会支持计算机中常见的各种运算。

目前高级语言支持的主要数据运算包括算术运算、关系运算、逻辑运算、位运算等。高级语言为每一种运算提供运算符和运算规则，程序员在程序设计中使用运算符和数据构造符合运算规则的表达式，完成各种各样简单或复杂的运算。

(3)数据输入和输出能力　程序与用户之间进行交互操作的主要途径是数据的输入和输出。输入是指用户将数据通过输入设备，如键盘等，输入到程序中；而输出是指程序把运算结果以用户可以理解的形式输出到输出设备，如显示器、打印机等。

高级语言中通常以函数或语句的形式提供输入输出操作。例如，Python语言提供了丰富的输入输出函数供程序使用。

(4)数据处理的流程控制能力　高级语言除了能有效地表达各种各样的数据、进行数据运算和输入输出外,还必须提供一种手段来表达数据处理的过程,即程序的流程控制。

通常高级语言必须提供 3 种基本控制结构:顺序结构、选择结构和循环结构。按照结构化程序设计的观点,任何程序都可以通过 3 种基本控制结构的行为组合来实现。

当要处理的问题比较复杂时,为了增强程序的可读性和可维护性,常常将程序分为若干个相对独立的子模块。Python 语言中的子模块是通过模块、类或函数实现的。

1.2　程序设计的基本过程

很多计算机程序设计初学者认为程序设计就是编写一个程序代码的过程,这是一种错误的观点。实际上,程序设计是一个复杂的过程,编写代码只是其中的一个步骤。

1.2.1　程序设计的步骤

采用高级语言编写程序解决实际问题的过程通常包括以下几个步骤。

第一步,分析问题。

分析问题是进行程序设计的基础。在没有把所要解决的问题分析清楚之前就想着动手编程很难达到预期的目标。要解决的问题性质与类型不同,需要分析的内容也是不同的。最基本的分析工作主要有以下几个方面。

(1)问题性质　人们所要解决的问题是各种各样的,而对于不同性质的问题所使用的方法、工具以及输入输出的形式一般也是不同的。问题性质分析的目的是确定程序中要解决什么问题以及如何去解决它。

例如,对于一元二次方程求根的问题。首先需要明确这是一个数值计算问题,然后需要明确目标是只求实根还是实根与复根都需要求,还需要确定解决问题过程对数据精度的要求等。

(2)数据的表示及输入输出　数据处理是计算机应用中最广泛的一个领域。在程序设计的过程中,需要考虑对数据的表示及输入输出。一般来说,对于数据的表示及输入输出主要应考虑以下几个方面:

- 数据的类型是什么? 如整型、实型、双精度型、字符型等。
- 在何种设备上进行输入或输出? 如标准设备输入输出或文件输入输出等。
- 采用什么样的格式进行数据的输入或输出? 如需要输出多少位小数等。

(3)确定数学模型或处理方法　对于数值计算问题,通常需要考虑采用何种数学模型,而对其他一些问题可能需要分析常用的处理方式,如排序、查找等。对多种可用的数学模型或处理方法进行分析和比较,从中选出一种合理的解决方案。

例如,求解一元二次方程 $ax^2+bx+c=0$ 的两个实根,可选的方法有:

- 求根公式 $x=\dfrac{-b\pm\sqrt{b^2-4ac}}{2a}$
- 韦达定理:$x_1+x_2=-b/a$, $x_1x_2=c/a$
- 迭代法

对于以上 3 种方法,理论上都可以解决问题,但是实际应用中还是有些区别。例如,使用韦达定理还需要进一步确定两个根的计算公式;迭代法一般一次只能求一个实根,而且还存在收敛性问题。因此必须根据问题的实际需要去分析、比较和确定解决方案。

第二步,设计算法。

前面已经提到,进行问题分析时,要建立数学模型或对常用方法进行分析和比较,这实际上就是算法的设计过程。算法是指解题方案的准确而完整的描述,也可以说算法是一个有限条指令的集合,这些指令确定了解决某一特定问题的运算步骤。

设计算法的工作包括设计出解题的方法和具体步骤,同时还需要使用便于理解的方式把算法描述出来。

第三步,编写程序。

程序员根据问题分析和算法描述的内容,编写计算机程序设计语言描述的程序。这个过程也称为编辑程序,最后将编辑的程序保存为一个或多个源程序文件。源程序文件一般是指按照高级语言(如 Python 语言)语法规则编写的未经编译的字符序列,又称为源代码。

第四步,编译、解释和运行程序。

高级语言不能被计算机直接执行,必须通过专用软件翻译成计算机能够执行的指令。目前有两种运行模式:一种是通过编译程序一次性地将高级语言源程序转换为对应的机器语言程序,之后通过运行机器语言程序实现功能要求;另一种是通过解释程序对高级语言程序进行逐条命令解释和执行。

通常编译运行的语言执行效率更高,而解释运行的语言编辑和执行更为便捷,移植性也更好。

第五步,调试程序。

为了实现特定目标进行程序设计往往都不是一蹴而就。过程中会遇到代码语法错误、代码逻辑错误和代码效率达不到要求等问题。这时需要对运行结果进行分析,找出问题所在,并尝试各种解决问题的方法,这些操作在程序实现目标之前往往需要反复进行,这一过程被称作程序调试。

“调试”的英文为“debug”,这里有一个典故。1937 年,美国青年霍华德·艾肯找到 IBM 公司为其投资 200 万美元用于研制计算机,第一台成品艾肯把它取名为马克 1 号(mark1)。为马克 1 号编制程序的是哈佛大学的一位女数学家葛丽斯·莫雷·霍波,有一天,她在调试程序时机器出现故障,她拆开继电器后,发现有只飞蛾被夹扁在触点中间,从而“卡”住了机器的运行。于是,霍波诙谐地把程序故障统称为“臭虫”(bug),把排除程序故障称为 debug,而这奇怪的称呼,后来成为计算机领域的专业行话。

第六步,编写程序文档。

绝大多数程序编写完成后是提供给别人使用的,如同正式的产品应当提供产品说明书一样。正式提供给用户使用的程序,必须提供程序说明书等文档,内容应包括:程序名称、程序功能、运行环境、程序的装入和启动、需要输入的数据以及使用注意事项等。程序文档还应当包括程序开发过程中产生的各种资料。

1.2.2 算法的常用描述方法

算法设计是程序设计中的关键步骤,而将算法以易于理解的方式描述出来也是程序设计中必须学习和掌握的知识。目前描述算法的方法有很多,如自然语言、流程图、N-S 流程图和 PAD 图等。下面介绍如何使用自然语言和流程图描述算法。

(1)自然语言　使用自然语言描述算法就是使用人们日常使用的语言(如汉语、英语等)来描述算法。

【例】 使用自然语言描述计算 n! 的算法。

算法使用变量 s 表示计算 n! 的中间结果,即累乘的积,使用变量 t 表示乘数,则算法步骤如下:

步骤 1　输入 n;

步骤 2　使 s=1,t=1;

步骤 3　计算 s 乘以 t,得到的积保存回 s 中;

步骤 4　使 t 的值增加 1;

步骤 5　如果 t≤n,则跳转到步骤 3 执行;否则计算结束,继续下一步骤;

步骤 6　此时 s 的值就是 n!,输出 s 的值。

通过上面的例子可以看出,用自然语言描述算法通俗易懂,而且不需专门的学习和训练,比较容易掌握。但是由于自然语言本身的问题,描述过程中难以形成标准描述方式,容易产生歧义。如果算法比较复杂,则描述会变得烦琐冗长,往往需要根据上下文判断其含义,尤其对于包含大量选择、循环结构的算法,自然语言描述不方便且缺乏直观性。

因此,除了比较简单的算法描述外,不建议使用自然语言表示算法。

(2)流程图　流程图是使用一些几何图形、线条以及文字说明来描述算法的逻辑结构。流程图具有形象、简明直观、易于理解和便于交流等特点。ANSI 规定了一些常用的流程图符号,如图 1-1 所示。大多数程序员接受和使用流程图表示算法。

图 1-1　流程图的常用符号

顺序结构是最简单的程序结构,该结构中的程序语句按照排列的先后次序依次执行。其流程图描述如图 1-2(a)所示,其中程序执行完语句 1 后才能执行语句 2。

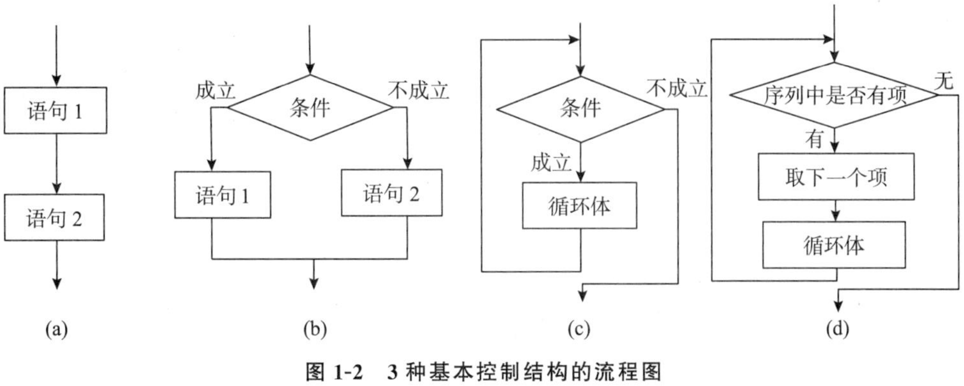

图 1-2　3 种基本控制结构的流程图

选择结构也称为分支结构,该结构中需要一个判断条件,根据条件判断的结果决定程序语句的执行顺序。其流程图描述如图 1-2(b)所示,其中当条件成立时,执行语句 1;条件不成立时,执行语句 2。

循环结构也称为重复结构，用于在循环条件的控制下重复执行某些语句。通常高级语言至少提供两种形式循环结构。

形式一：称为“条件循环”，其特点是每次循环之前先判断循环条件，如果条件成立，则执行循环体；循环条件不成立时，结束循环体的重复执行，其流程图描述如图 1-2(c)所示。

形式二：称为“迭代循环”或“遍历循环”，其特点是可以对列表、元组、字符串等可迭代对象按一定的顺序逐个取值，每取一个值执行一次循环体，直到全部值都取完，结束循环。其流程图描述如图 1-2(d)所示。

传统的流程图中使用流程线表示各类框的执行顺序，传统的流程图对流程线的使用没有严格限制，这使得算法设计时可以随意地使程序执行流程转向，这往往使流程图变得毫无规律，难以阅读和修改，使算法的可靠性和可维护性大大下降。因此在实际使用流程图时，需要对流程线的使用进行一定的限制。

【例】 使用流程图描述计算 n! 的算法。

算法使用变量 s 表示计算 n! 的中间结果，即累乘的积，使用变量 t 表示乘数，算法流程如图 1-3 所示。

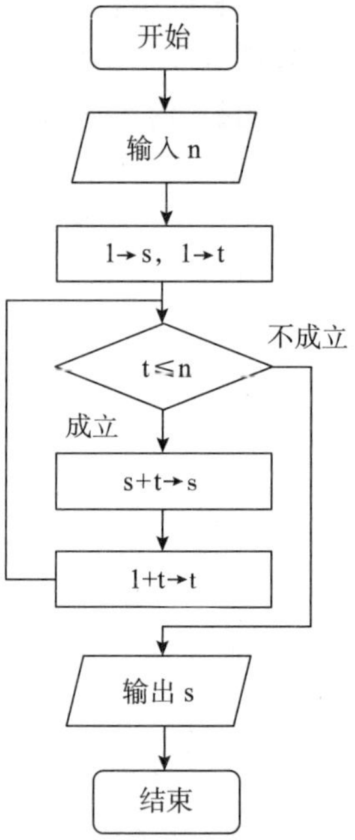

图 1-3　计算 n!算法的一般流程图

1.3　Python 语言的发展与特点

1.3.1　Python 语言的发展历程

Python 的创始人为 Guido van Rossum。1989 年圣诞节期间，在阿姆斯特丹，Guido 为了打发圣诞节，决心开发一个新的脚本解释程序，作为 ABC 语言的一种继承。之所以选中 Python(意为大蟒蛇)作为该编程语言的名字，是因为他是一个名为 Monty Python 的喜剧团体的爱好者。他希望有一种语言，这种语言既能够全面调用计算机的功能接口，又能够轻松地编程。

1991 年，第一个 Python 编译器诞生。它是用 Python 语言实现的，并能够调用 Python 语言的库文件。从一出生，Python 已经具有了类、函数、异常处理、包含表和词典在内的核心数据类型，以及模块为基础的拓展系统。

2004 年以后，Python 的使用率呈线性增长。2017 年，IEEE Spectrum 发布的研究报告显示，在 2016 年排名第三的 Python 在 2017 年已经成为世界上最受欢迎的语言，C 和 Java 分别位居第二和第三。

1.3.2　Python 语言的特点

Python 是一门跨平台、开源、免费的解释型高级动态编程语言，是一种通用编程语言。除了可以解释执行之外，Python 还可以把源代码伪编译为字节码来优化程序，提高加载速度并对源代码进行一定程度的保密。与其他编程语言相比，Python 语言具有非常明显的特点和优势，例如：

· 以快速解决问题为主要出发点，不涉及过多的计算机底层知识，需要记忆的语言细节少，可以快速入门。

· 支持命令式编程、函数式编程、面向对象程序设计等模式，其中函数式编程模式可以让代码更优雅。

· 语法简洁清晰，代码布局优雅，可读性和可维护性强。在编写 Python 程序时，强制要求的缩进使代码排版非常漂亮并且方便人们阅读，建议适当添加的空行和空格使得代码不至于过度密集，大幅度提高了代码的可读性和可维护性。

· 内置数据类型、内置模块和标准库提供了大量功能强大的操作和对象。很多在其他编程语言中需要十几行甚至几十行代码才能实现的功能，在 Python 中被封装为一个函数，直接调用即可，降低了非计算机专业人士学习和使用 Python 的门槛。

· 拥有大量的几乎支持所有领域应用开发的成熟扩展库和狂热支持者。2020 年 8 月的数据显示，PyPI(Python Pachage Index，Python 第三方库的仓库)已经收录了超过 25 万个扩展库项目，可以快速解决不同领域的问题。

1.3.3 适合 Python 语言的应用领域

经过 30 年的发展，目前 Python 已经渗透几乎所有领域，包括但不限于：

· 计算机安全、网络安全、软件漏洞挖掘、软件逆向工程、软件测试与分析、电子取证、密码学；

· 数据采集、数据分析与处理、机器学习、深度学习、自然语言处理、推荐系统构建；

· 统计分析、科学计算、符号计算、可视化；

· 计算机图形学、图像处理、音乐编程、语音识别、视频采集、视频处理、动画制作、游戏设计与策划；

· 网站开发、套接字编程、网络爬虫、系统运维；

· 树莓派、无人机、移动终端应用开发、电子电路设计；

· 辅助教育、辅助设计、办公自动化。

1.4 Python 语言程序的组成和结构

1.4.1 简单的 Python 程序例子

在了解掌握 Python 程序结构之前，先通过两个简单的 Python 语言程序例子来展示 Python 语言程序的基本语法成分，从而对 Python 语言程序的基本结构有个初步的认识。

【例 1-1】 显示欢迎信息——在屏幕上显示“Welcome to Python!”。

```
'''
这是一个简单的
Python 程序例子
'''
print('-'*22)          # 显示 22 个"-"符号
```

```
print('| '+'Welcome to Python!'+' |')  # 显示"|  Welcome to Python! |"
print('-'* 22)
```

运行程序：

```
----------------------
| Welcome to Python! |
----------------------
```

第 1 行到第 4 行是一个多行注释，其作用是说明这个程序的作用是什么。注释能够帮助程序员相互交流，理解程序和语句的作用。注释不是编程语句，在编译时会被编译器忽略掉。Python 语言中共有两种编写注释的形式，一种称为“段注释”，注释内容包含在一对“'''”之间或一对“""""”之间，这种注释可以跨越多行；另一种称为“行注释”，这种注释从符号“#”开始，到该行代码的结束，如程序第 5 行中末尾的注释，当然行注释也可以单独占用一行。第 5 行 print 语句在屏幕上输出圆括号中的内容，'-'* 17 表示连续的 17 个减号字符，改变数字就能改变字符的个数。第 6 行'|'+' Welcome to Python!'+' |'中运算符(+)将多个字符串按顺序拼接成一个字符串。

print 是输出命令，程序中的作用是在显示器上显示 print 命令中圆括号中的内容。

【例 1-2】 计算阶乘——输入正整数 n，计算 n 的阶乘。

```
print('输入 n:')
n = int(input())  # 输入数据并转换成整数
s = 1
for i in range(1,n+1):
    s = s*i
print(s)          # 输出计算结果
```

运行程序：

```
输入 n:
50
30414093201713378043612608166064768844377641568960512000000000000
```

上述运行结果中亮白色的部分是用户输入后回显的文字，灰白色的部分是程序输出的文字，后面展示运行结果时，均按照这个方法。

第 2 行 input()函数接受一个标准输入数据（默认是等待用户通过键盘输入），返回为 string 类型，int()函数用于将一个字符串或数字转换为整型。第 3～5 行是程序的核心部分，通过一个 for 循环语句，将 1 至 n 逐个累积起来。第 6 行输出程序的运算结果。

第 2 行中，n 是一个变量，变量是程序运行过程中其值可以改变的量。变量是一个存储数据的容器，它由变量名、数据类型和变量值 3 个属性确定。变量在其生存期间，根据其数据类型在内存中分配一定容量的存储单元，变量值存储在该存储单元中，通过变量名来获取或修改它的值。对变量的基本操作有两个:向变量中存入数据值,这个操作称为“赋值”;取出变量当前值以便在程序运行中使用,这个操作称为“取值”。

Python 变量的类型由所赋值的类型决定,即存入什么类型的值,变量就成什么类型。

对于计算 n 的阶乘,Python 还有其他的实现方法:

```
from functools import reduce
from operator import mul
n = int(input())
print(reduce(mul, range(1,n+1)))
```

这得益于 Python 有丰富的模块,上述程序中便使用到了 functools 和 operator 2 个模块。这些常用的模块将在后续章节中逐一介绍。

【例 1-3】 词云——统计唐诗三百首的词频,并以词云方式显示结果。

```
import jicba
from wordcloud import WordCloud
txt = open('唐诗三百首.txt', encoding='utf-8').read()
words = jieba.lcut(txt)
words = [word for word in words if len(word)>1]
newtxt = ''.join(words)
wc = WordCloud(background_color="white",
    width = 800,
    height = 400,
    max_words = 30,
    max_font_size = 80,
    font_path="simhei.ttf").generate(newtxt)
wc.to_file('词云图.jpg')
```

统计词频

运行程序:

(在源文件所在目录生成名为“词云图.jpg”的图像文件,如图 1-4 所示,鼠标左键双击该文件图标显示图像)

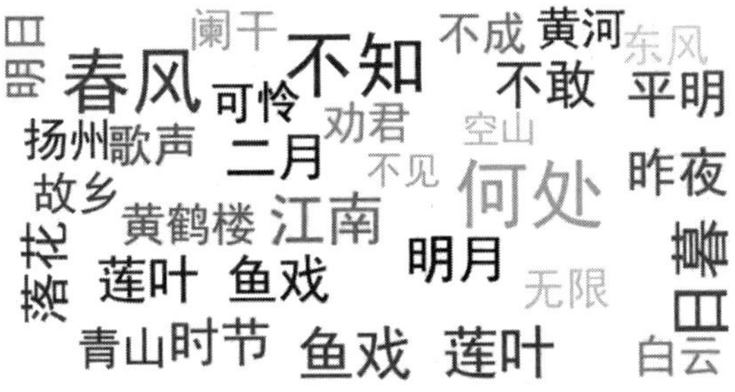

图 1-4　生成的词云图像

说明:运行程序前先安装 jieba 和 wordcloud 两个模块,准备好作统计的文本文件“唐诗三百首.txt”。

第 1～2 行引用了需要的模块 jieba 和 wordcloud。第 3 行从文件中读入文字。第 4 行是将文章拆分成一个一个单词。第 5 行是去掉单字词。第 6～13 行是统计单词出现频度,生成词云图。图中字体越大的,说明该词出现次数多。从图 1-4 中,可以了解到唐诗三百首的诗人们较偏爱写“春风”“日暮”等。

1.4.2 Python 语言程序的结构

以上几个简单的例子,对 Python 语言程序的基本组成和结构进行了初步展示,下面对 Python 程序的组成结构中的几个要点进行说明:

(1)函数是 Python 语言程序的基本构成单位,一个 Python 语言程序通过调用各种函数来完成大部分的工作。例如,输入数据 input()函数和输出结果 print()函数。

(2)程序中每条语句完成一个功能,一条语句占一行或多行,视语句而定,不能随意分行。Python 语言通过代码缩进来区分层次结构,因而使用 Python 语言编写代码缩进不仅是必需的,而且需要严格地按照规范进行缩进。

(3)注释是便于阅读理解程序而添加的解释性文本,Python 语言提供 2 种类型的注释。程序执行时完全忽略注释部分的内容,因此添加注释不会影响可执行程序的运行效率。在源程序中添加注释便于程序员和其他人理解程序的思路,编写注释是一种良好的编程习惯。

(4)Python 语言是一种大小写敏感的语言,程序中的大写字母和小写字母是不同的。例如,把 input()函数的名称写为 Input(),执行时就会报错。另外需要注意程序中除注释和显示的符号外,字母和标点符号都应该使用英文半角符号。

学习程序设计是一个由简单到复杂的过程,编写的程序也会越来越庞大和复杂。在学习编程之前对程序结构进行较全面的了解是必要的。完整的 Python 语言程序的结构如图 1-5 所示。

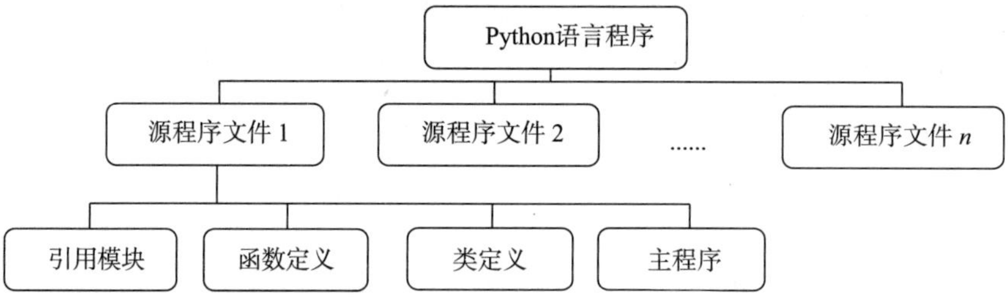

图 1-5　Python 语言程序的结构

1.5 Python 语言程序的开发

1.5.1 安装 Python 语言开发环境

对于任何一门计算机语言,开发前首先是要正确地安装 Python 语言开发环境。Python

语言开发环境大体由3部分构成:Python运行环境、集成开发环境和第三方工具包。其中Python运行环境是必须安装的,其他2个根据自己的需要安装。

Python是目前最活跃的主流语言之一,运行环境升级是很频繁的,但是对于学习Python的读者来说,并不需要为选择安装哪一个版本而困惑,只需要安装自己计算机操作系统支持的最高版本即可。

除了安装Python官网上发行的版本外,还可以选择安装第三方的Python发行版本,比较流行的是Anaconda。Anaconda是一个开源的Python发行版本,其包含了conda、Python等180多个工具包及其依赖项。因为包含了大量的工具包,Anaconda的下载文件比较大。但是一旦安装成功,可以直接使用安装的科学包,免去了另外下载和安装的麻烦。

从官网(https://www.python.org)下载的安装包自带一个集成开发软件(IDLE),由于IDLE功能简单,还是建议另外安装第三方的集成开发软件。PyCharm和Visual Studio Code是安装最多的2款Python集成开发软件。

PyCharm是JetBrains开发的Python的集成开发环境,带有一整套可以帮助用户在使用Python语言开发时提高其效率的工具,比如调试、语法高亮、项目管理、代码跳转、智能提示、自动完成、单元测试、版本控制。此外,该IDE提供了一些高级功能,以用于支持Django框架下的专业Web开发。

另外,Visual Studio Code软件是一款很好的集成开发环境,其特点是扩展能力强、安装简便、支持多种语言的源码开发。

PyCharm和Visual Studio Code各自优缺点如表1-1所示。

表1-1 PyCharm与Visual Studio Code对比

PyCharm	Visual Studio Code
优点:	优点:
1. 强大的内建智能代码辅助功能	1. 内存占用少、启动超快
2. 丰富的内建开发者工具	2. 丰富的插件,支持多种语言开发
3. 完善的Web开发和数据库支持	3. 完全免费
缺点:	缺点:
1. 内存占用高、启动较慢	1. 配置较麻烦
2. 免费版本功能较少	2. 增加功能依靠安装相应插件

PyCharm的优点决定了它很适合设计需要全栈工具的大型项目,但是代价就是需要一台配置较好的电脑和一些软件使用费。当然可以选择使用免费的PyCharm社区版,但是对远程开发的支持、Python分析器、重复代码检测、数据库支持和一些网络开发工具等功能就没有了。

Visual Studio Code则适合于轻量级的开发,当然在安装了足够多的开发库和插件之后也能开发大型项目。考虑到本书全部例程都是小程序,使用Visual Studio Code无须烦琐的配置和插件安装,却能得到更迅捷的编程体验。因而,本书后面将详细介绍Visual Studio Code的安装和使用。

本书全部例程在Win10系统中Python3.11.1(64-bit)和Visual Studio Code1.78环境下调试完成。

(1)官网(https://www.python.org)下载 python　下滑页面到 Files,根据操作系统选择对应版本,64 位 windows 系统下载红色线的 exe 可执行版(图 1-6)。

Files

Version	Operating System	Description	MD5 Sum	File Size	GPG	Sigstore	
Gzipped source tarball	Source release		5c986b2865979b393aa50a31c65b64e8	26394378	SIG	CRT	SIG
XZ compressed source tarball	Source release		4efe92adf28875c77d3b9b2e8d3bc44a	19856648	SIG	CRT	SIG
macOS 64-bit universal2 installer	macOS	for macOS 10.9 and later	7c4d83ac21cf1e0470aa133ef6a1fff6	42665618	SIG	CRT	SIG
Windows embeddable package (32-bit)	Windows		cc960a3a6d5d1529117c463ac00aae43	9557137	SIG	CRT	SIG
Windows embeddable package (64-bit)	Windows		f16900451e15abe1ba3ea657f3c7fe9e	10538985	SIG	CRT	SIG
Windows embeddable package (ARM64)	Windows		405185d5ef1f436f8dbc370a868a2a85	9763968	SIG	CRT	SIG
Windows installer (32-bit)	Windows		a592f5db4f45ddc3a46c0ae465d3bee0	24054000	SIG	CRT	SIG
Windows installer (64-bit)	Windows	Recommended	3a02deed11f7ff4dbc1188d201ad164a	25218984	SIG	CRT	SIG
Windows installer (ARM64)	Windows	Experimental	3a98e0f9754199d99a7a97a6dacb0d91	24355528	SIG	CRT	SIG

图 1-6　选择对应版本

安装过程建议选择自定义安装,如图 1-7 至图 1-9 所示。

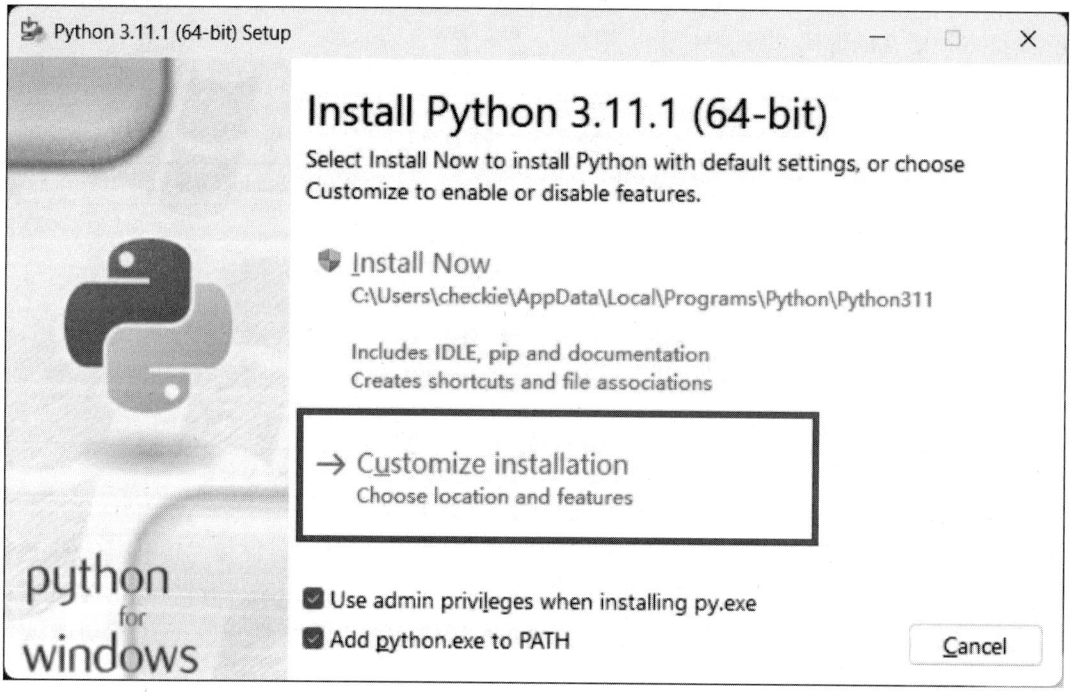

图 1-7　选择自定义安装

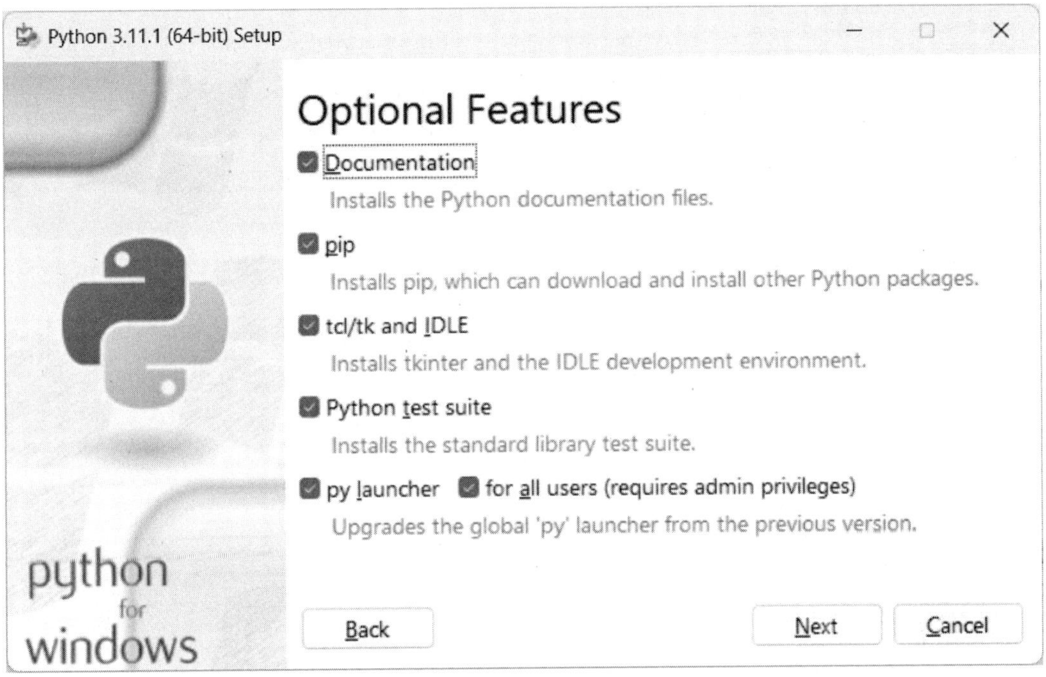

图 1-8　安装 1

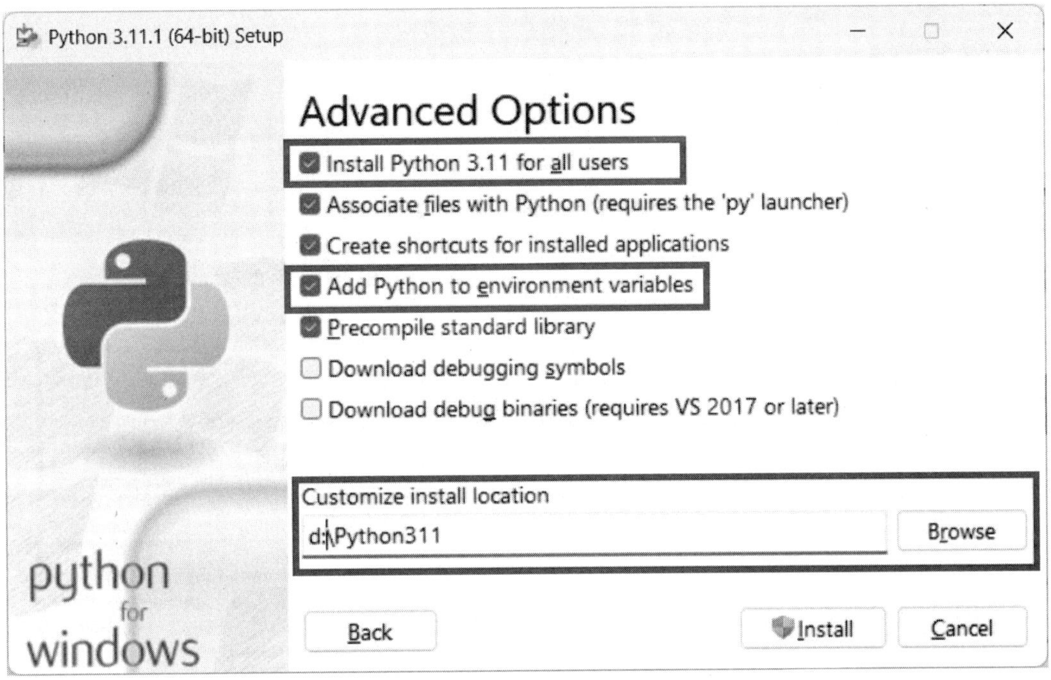

图 1-9　安装 2

点击 Install，直到完成安装（图 1-10 和图 1-11）。

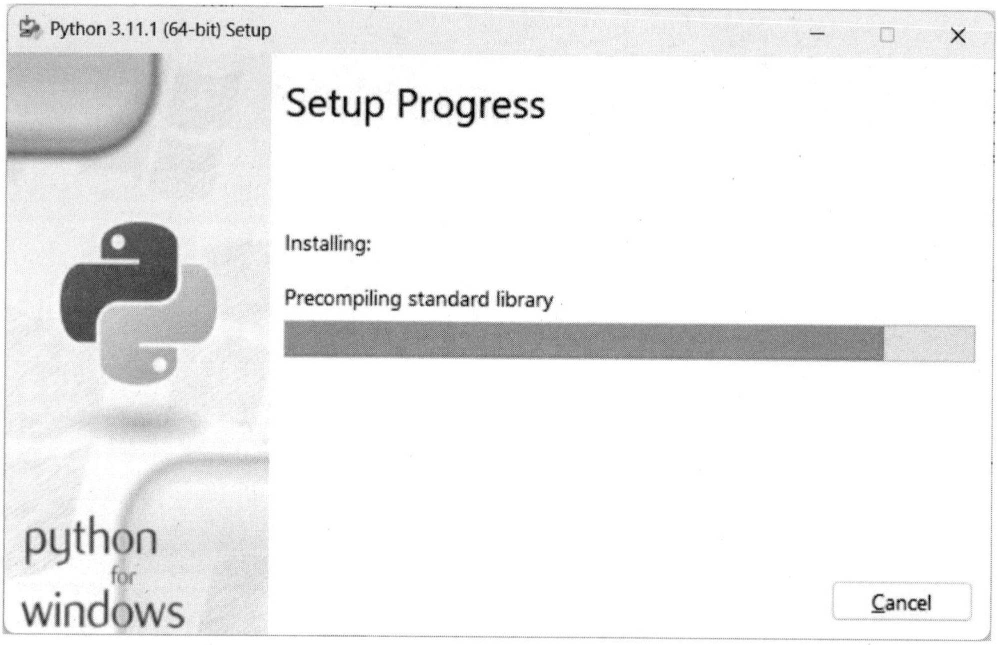

图 1-10　安装 3

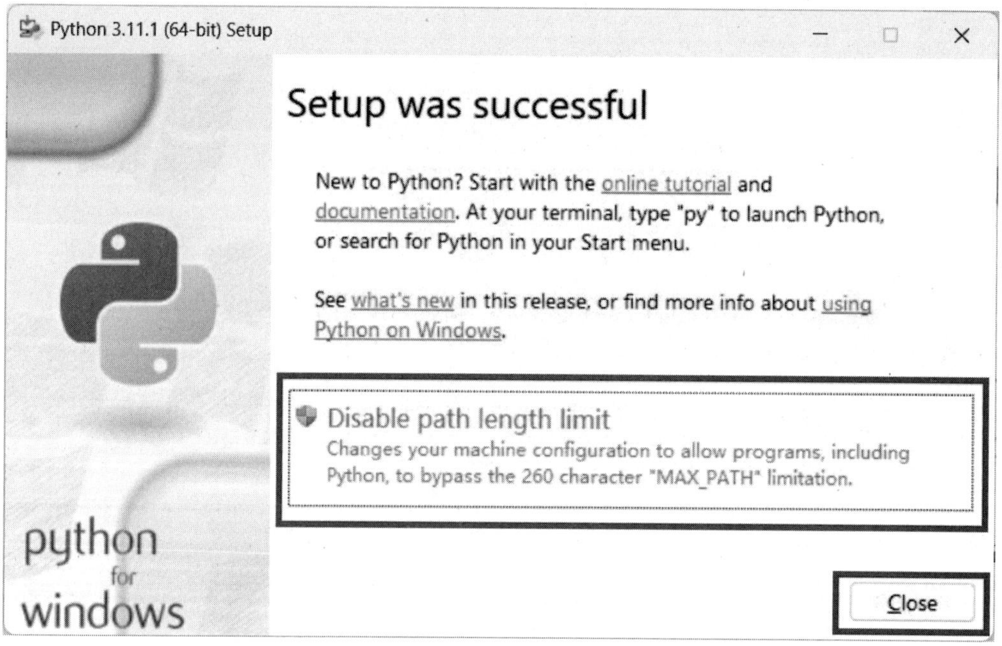

图 1-11　安装完成

打开命令行 cmd 输入 python，然后 import this，有版本信息就成功了。

(2)安装 vscode 和配置 python 环境变量　首先下载 vscode 安装软件(https://code.visualstudio.com/download)，选择 VSCode 版本(根据自己的操作系统选择相应的版本)(图 1-12 和图 1-13)。

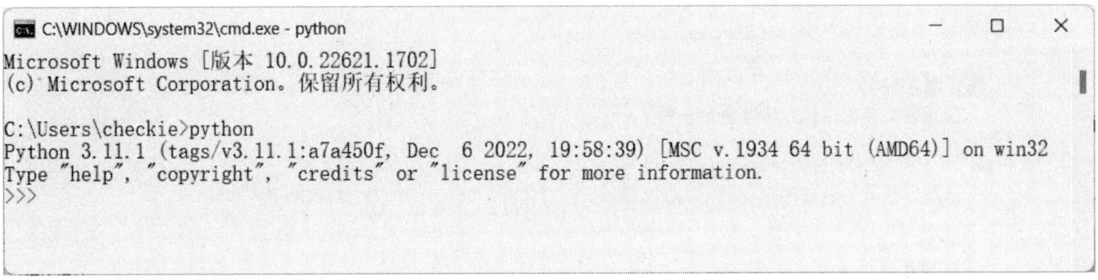

图 1-12　查看版本信息

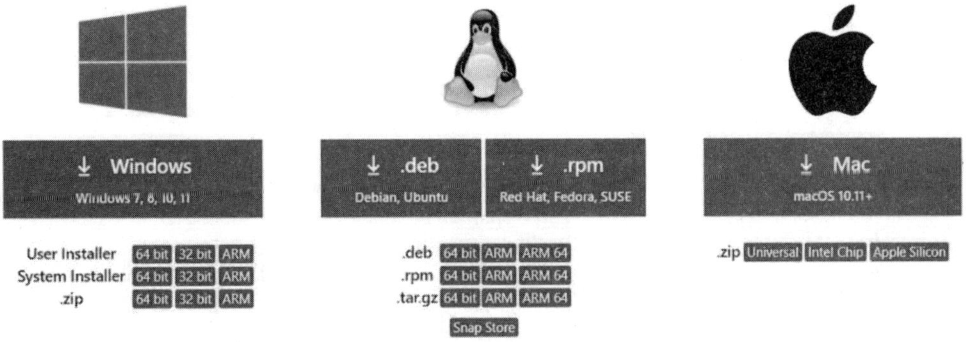

图 1-13　选择 VSCode 版本

双击下载的文件开始安装，设置安装路径(图 1-14 至图 1-16)。

图 1-14　选择目标位置

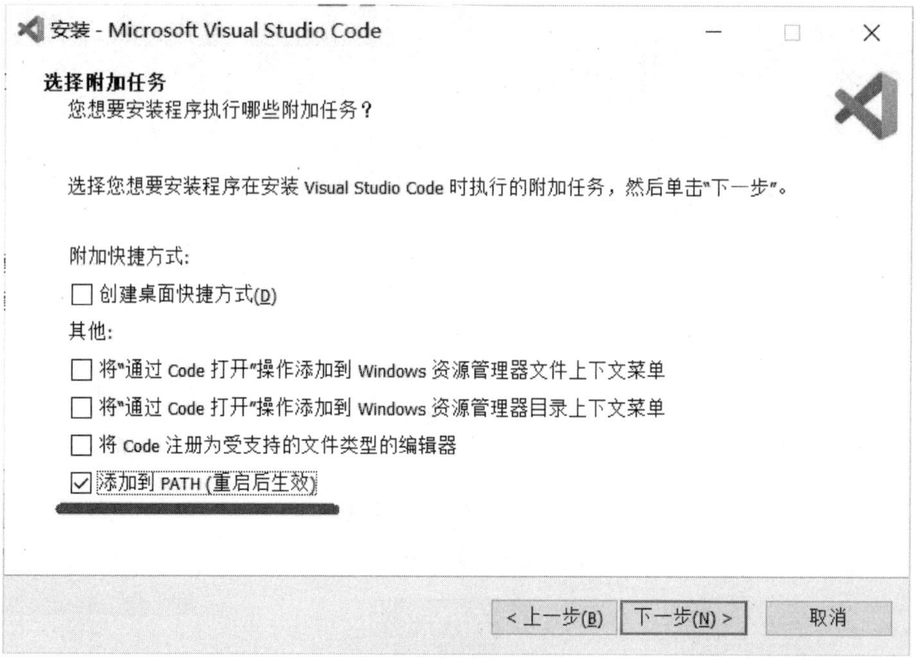

图 1-15　选择附加任务

图 1-16　VSCode 安装完成

安装完成。

第一次运行，VSCode 会自动识别并安装语言包，并进入配置界面，用户可以自定义界面风格和布局等。

创建第一个 Python 程序，输出 Hello World，代码只有一行。

```
print("Hello World")
```

VSCode 会自动安装相应的插件 Python extension for Visual Studio Code(图 1-17)。

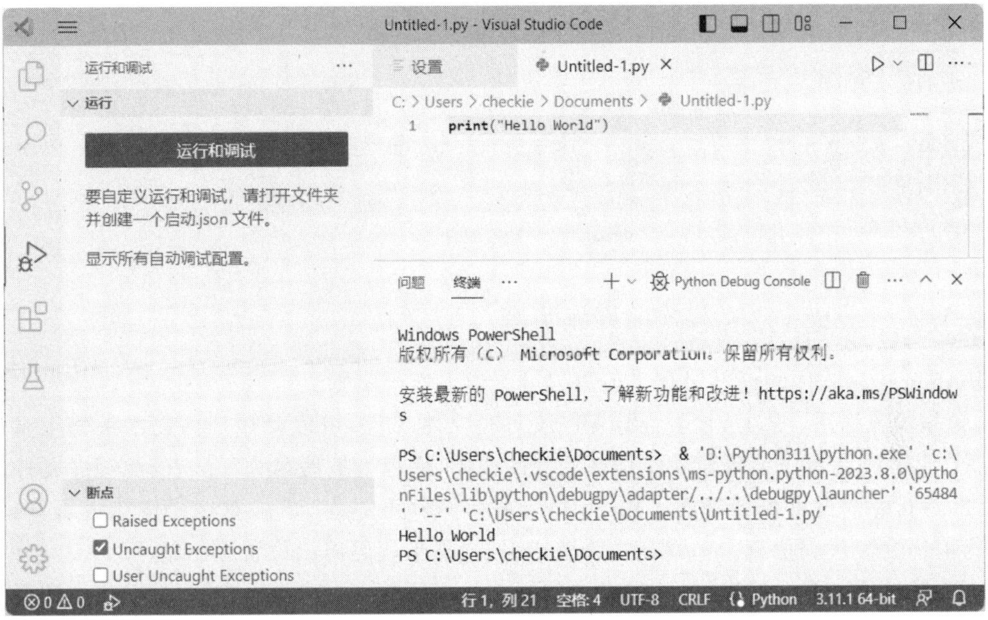

图 1-17 安装插件

Ctrl+F5 为非调试运行，F5 是调试运行。

(3)安装扩展库 Python 官方提供的安装包只包含了内置模块和标准库，没有包含任何扩展库，开发人员可以根据实际需要再安装和使用合适的扩展库。

Python 自带的 pip 工具是管理扩展库的主要方式，支持 Python 扩展库的安装、升级和卸载等操作。pip 命令需要在命令提示符环境中执行，如果是在线安装需要计算机保持联网状态。在命令行方式，输入命令“pip”，回车后，窗口中会显示 pip 的使用说明，一些常用的命令请参看附录 A。例如，下面的操作是安装扩展库 jieba。

```
pip install jieba
```

```
C:\Users\develop>pip install jieba
Looking in indexes: https://pypi.tuna.tsinghua.edu.cn/simple
Collecting jieba
  Downloading https://pypi.tuna.tsinghua.edu.cn/packages/c6/cb/18eeb235f833b726!
2a2/jieba-0.42.1.tar.gz (19.2 MB)
     |████████████                             | 6.6 MB 142 kB/s eta 0:01:29
```

窗口中会显示安装过程。

如果由于网速问题导致在线安装速度过慢，pip 命令支持指定国内的站点来提高速度。下面的命令用来从阿里云服务器下载安装扩展库 jieba，其他服务器地址读者可以自行查阅。

```
pip install jieba -i https://pypi.tuna.tsinghua.edu.cn/simple --trusted-host pypi.tuna.tsinghua.edu.cn
```

如果固定使用阿里云服务器镜像，可以在当前登录用户的 AppData\Roaming 文件夹中创建文件夹 pip，在 pip 文件夹中创建文件 pip.ini，并输入下面的内容，以后再执行 pip 命令安装和升级扩展库时就不用每次都指定服务器地址了。

```
[global]
index-url = https://pypi.tuna.tsinghua.edu.cn/simple
[install]
trusted-host = pypi.tuna.tsinghua.edu.cn
```

1.5.2 Python 语言程序的开发步骤

Python 语言程序的开发过程大概可以分为以下 2 个步骤：

(1)编辑源程序　Python 语言源程序文件是文本文件，可以使用任何文本编辑工具进行编写。在文本编辑器中编辑输入设计好的程序代码，保存为扩展名为“.py”的源程序文件。

(2)运行并测试可执行程序　由于 Python 是解释型语言，不需要编译连接成机器码，但在执行前仍会做代码检查。如果存在语法错误，会提示代码出错位置和出错原因，只有在处理完所有出错的语法问题后，代码才能开始执行。运行程序，得到运行结果，对程序的运行结果与预期结果进行比较分析，如果发现两者不一致，则需要检查程序或算法中存在的逻辑错误，然后重新进行上述两步骤。

习　题

1. 什么是程序？什么是程序设计？
2. 程序设计语言的作用是什么？高级语言有哪些特点？
3. 什么是算法？算法常用的描述方式有哪些？
4. Python 语言程序是由哪些部分组成的？各部分有什么作用？
5. 开发 Python 语言程序有哪些步骤？
6. 配书资料中有名为 report.txt 的文件，参照例 1-3 编程，看看 report.txt 文件中的热词有哪些。

第 2 章　基本数据类型和表达式

【学习目标】

(1)了解 Python 语言基本符号。

(2)理解关键字和用户标识符。

(3)理解并正确使用常量和变量。

(4)掌握基本数据类型及其常用运算和操作。

(5)理解和掌握不同类型数据混合运算中数据类型的转变。

2.1　Python 语言的基本语法单位

任何一种高级语言都会根据自身的特点定义一套特定的基本符号表,然后在符号表的基础上规定严密的语法规则。程序设计过程不能违反这些语法规则,编写语句和定义程序元素时也不能使用符号表以外的字符。

2.1.1　基本符号

Python 语言的基本符号集包括:

(1)26 个大写字母(ABCDEFGHIJKLMNOPQRSTUVWXYZ)

(2)26 个小写字母(abcdefghijklmnopqrstuvwxyz)

(3)10 个数字字符(0123456789)

(4)29 个标点或图形字符(% &~等)

2.1.2　关键字

关键字是程序设计语言保留下来并被赋予特定语法含义的单词或单词缩写,用来说明某一固定含义的语法概念,程序中只能使用关键字的规定作用,而不能给它们赋予新的含义。例如,关键字 for 规定的作用是 for 型循环命令,不能用于其他用途。

Python 包含的保留字可以执行如下命令进行查看:

```
>>> import keyword
>>> keyword.kwlist
```

所有的保留字,如下所示:

False	None	True	and	as	assert	async	await
break	class	continue	def	del	elif	else	except
finally	for	from	global	if	import	in	is
lambda	nonlocal	not	or	pass	raise	return	try
while	with	yield					

2.1.3 标识符

标识符用于给程序中不同的程序元素进行命名，以便能区别它们。例如，程序中的常量、变量、用户自定义的函数名和类名等。在 Python3. X 中允许使用中文给变量、函数等取名，这是一件很有趣的事，但实际开发过程当中，并不建议采用中文命名。首先，使用中文命名的代码在不同的软件中打开编辑时容易出现乱码；其次，不利于代码的国际化，当需要将代码共享给各国的开发者时，由字母构成的命名更能被接受；另外，在编写代码的时候，如果使用中文命名，需要经常在英文输入法和中文输入法之间来回切换，非常不方便，影响编写代码的效率。

标识符由基本字符集中的字符构成，有如下规定：

(1)第一个字符必须是字母或下划线。

(2)标识符中的其他字符可以是字母、数字和下划线。

(3)不能用 Python 中关键字作为标识符。

(4)标识符同样是大小写敏感的，例如，SUM、sum 和 Sum 是不同的标识符。

(5)Python 语言中，以下划线开头的标识符有特殊含义，例如，

• 以单下划线开头的标识符(如 _width)表示不能直接访问的类属性，其无法通过 from...import * 的方式导入；

• 以双下划线开头的标识符(如__function)表示类的私有成员；

• 以双下划线作为开头和结尾的标识符(如类实例化时自动调用的初始化函数名称__init__、标识模块名字的系统变量__name__)是专用标识符。

标识符的命名，除了要遵守以上这几条规则外，不同场景中的标识符，其名称也有一定的规范可循，例如：

• 当标识符用作模块名时，应尽量短小，并且全部使用小写字母，可以使用下划线分割多个字母，如 game_mian、game_register 等。

• 当标识符用作包的名称时，应尽量短小，也全部使用小写字母，不推荐使用下划线，如 com. mr、com. mr. book 等。

• 当标识符用作类名时，应采用单词首字母大写的形式。例如，定义一个图书类，可以命名为 Book。

• 模块内部的类名，可以采用“下划线＋首字母大写”的形式，如 _Book。

• 函数名、类中的属性名和方法名，应全部使用小写字母，多个单词之间可以用下划线分割。

• 常量命名应全部使用大写字母，单词之间可以用下划线分割。

2.2 数据与数据类型

数据是程序加工处理的对象,同时也是加工的结果,因此数据是程序设计过程中设计和描述的主要内容。程序能够处理的基本数据对象被划分成一些集合,属于同一集合的所有数据对象都具有同样的性质,如它们能够做同样的操作,都采用同样的编码方式等。程序语言中具有相同性质的数据集合被称为数据类型。

计算机硬件也把被处理的数据分成一些类型,如定点数、浮点数等。CPU 对不同的数据类型提供了不同的操作命令,程序语言中把数据划分成不同类型与此也有密切关系。更重要的是,程序语言使用数据类型来描述程序中数据的结构、数据表示范围、数据在内存中的存储分配等。数据类型是计算机领域中的一个非常重要的概念。

在 Python 语言中使用类定义数据类型,类是数据类型(或数据结构)和与其相关操作的封装体,常见的类有整数、浮点数、复数、布尔型、字符串、列表、元组、字典、集合和 zip、map、enumerate、range、filter、生成器等内置类,以及大量标准库类和扩展库类。

内置类在启动 Python 之后就可以直接使用,不需要导入任何标准库,也不需要安装和导入任何扩展库。可以使用 print(dir(__builtins__))查看所有内置类清单,常用的内置类请参看附录 B。

程序设计人员在解决某一问题时,必须认真考虑和设计问题需要的数据类型和操作步骤(算法),才能设计出正确的程序。

Python 语言中的基本数据类型包括整数、浮点数、复数、布尔型、字符串、列表、元组、字典和集合。本节先介绍这类基本数据类型的概念和简单使用方法,更深入的应用在后面章节中陆续讲解。

2.2.1 整数

整数是计算机程序中最常用的数据类型之一。Python 语言的整数类型使用 int 表示。Python 语言支持超大整数,可以通过如下命令行查看当前运行环境支持的最大整数位数:

```
>>> import sys
>>> sys.get_int_max_str_digits()
4300
```

执行结果显示为 4300,表示当前运行环境支持的最大整数位是 4300 位,可以通过如下命令行更改最大整数位数:

```
>>> import sys
>>> sys.get_int_max_str_digits(100000000)
```

上述命令将最大整数位数更改为 1 亿。这一特性使 Python 语言能极方便地从事超大整数的计算,例如,通过下面命令行可以快速地计算出 2 的 1000 次方的精确值。

```
>>> 2 ** 1000
10715086071862673209484250490600018105614048117055336074437503883703510511
24936122493198378815695858127594672917553146825187145285692314043598457757
46985748039345677748242309854210746050623711418779541821530464749835819412
67398767559165543946077062914571196477686542167660429831652624386837205668
069376
```

在 Python 语言程序中，除了可以使用十进制之外，还可以使用二进制、八进制和十六进制 3 种不同进制来表示整数。

- 二进制以“0b”开头，后面接由 0 或 1 组成的序列，例如，0b1101。
- 八进制以“0o”（0 和字母 o）开头，后面接由数字 0～7 组成的序列，例如，0o123、0o37 等。
- 十六进制以“Ox”开头，后面由数字 0～9、字母 a～f 或 A～F 组成的序列。例如，Oxla、Ox3FFFF 等。

在使用中，b、o、x 换成大写字母 B、O、X 也可。

在编程时常常涉及不同进制的数相互转化的问题，Python 语言提供了 int() 函数将某进制的数转化为十进制。int() 函数带两个参数，第一个参数是需要转化的数字串，第二个参数表示进制，输出结果为十进制。例如，如下代码是将二进制数 11110000 转化为对应的十进制数。

```
>>> int('11110000',2)
240
```

除此之外，bin() 函数、oct() 函数、hex() 函数分别将数转化为二进制串、八进制串和十进制串，例如：

```
>>> bin(240)
'0b11110000'
```

将十进制数 240 转为对应的二进制数。

整数的常用运算如表 2-1 所示。

表 2-1　整数的常用运算

运算符	描述	实例
+	加法	1 + 2 结果是 3
-	减法	10 - 3 结果是 7
*	乘法	5 * 6 结果是 30
**	幂运算	2 ** 32 结果为 4294967296
/	普通除法 注意：不论结果是否带小数，计算的结果都是浮点数类型	10/2 结果为 5.0

续表 2-1

运算符	描述	实例
//	整除，只保留商的整数部分，结果为整数类型	10//3 结果为 3 10//−3 结果为 −4 −10//3 结果为 −4 −10//−3 结果为 3
%	取余数，结果为整数类型	10%3 结果为 1 10%−3 结果为 −2 −10%3 结果为 2 −10%−3 结果为 −1

Python 做整除时，结果的符号位由被除数和除数同时决定，即同号时取正，异号时取负，数值是向下取整的，即如果结果的符号位为正，则取靠近 0 的整数；如果符号位为负，则取远离 0 的整数。

取余数则要结合整除操作进行分析，即余数＝被除数－除数×整除结果。

2.2.2 浮点数

浮点数用于表示带小数点的实数，例如，3.14、5.0、0.001。为什么 Python 语言将带小数点的实数称为浮点数呢？原因是带小数点的实数在内存中是以指数形式存放的，一个实数的指数形式可以不止一种形式，如实数 3.14159 可以表示为：0.314159×10^{1}、0.0314159×10^{2}、31.4159×10^{-1} 等多种形式。可以看出小数点的位置可以进行变化（浮动），只要同时改变指数的值就可以了。在同一个实数的多种指数表示形式中，小数部分的小数点前的数字为 0，同时小数点后的第 1 位数字不为 0 的表示形式称为规范化的指数形式。

Python 语言中使用 float 表示浮点数类型。输入下面命令可以查看浮点数型数据表示数据的范围。

```
>>> import sys
>>> sys.float_info
sys.float_info(max = 1.7976931348623157e + 308, max_exp = 1024, max_10_exp =
308, min = 2.2250738585072014e - 308, min_exp = - 1021, min_10_exp = - 307,
dig = 15, mant_dig = 53, epsilon = 2.220446049250313e - 16, radix = 2, rounds = 1)
```

其中，绝对值最大数是 1.7976931348623157e+308，绝对值最小数是 2.2250738585072014e−308，十进制有限位数是 15。

Python 语言允许在程序中使用 2 种形式表示带小数点的实数：小数形式和指数形式。

(1)小数形式　该形式表示的浮点型常量由符号、整数部分、小数点和小数部分组成。其中，整数部分和小数部分的值为 0 时，可以省略，而小数点是不能省略的。例如，0.5、.5、5.、5.0 和 0.0 都是小数形式的浮点型常量。把 5.或 5.0 写成 5 的形式，就不是浮点型常量而是整型常量了。

(2)指数形式　该形式是由十进制小数和指数 2 部分组成，中间用字母 e 或 E 连接。语法形式如下：

十进制小数 e 指数或十进制小数 E 指数

需要说明的是，字母 e 或 E 前面必须有数字，且指数必须为整数。例如，1.23e3 是合法的浮点数，代表 1.23×10^3，而 e3、1.23e3.8 是不合法的表示形式。

浮点数的常用运算如表 2-2 所示。

表 2-2　浮点数的常用运算

运算符	描述	实例
+	加法	1.5+2 结果是 3.5
-	减法	1.5-0.5 结果是 1.0
*	乘法	1.5*2.5 结果是 3.75
**	幂运算	16**0.5 结果为 4.0
/	普通除法	10.5/2 结果为 5.25
//	整除，结果只保留商的整数部分，小数部分取 0，结果为浮点数类型	10.0//3 结果为 3.0 10.0//-3 结果为-4.0 -10.0//3 结果为-4.0 -10.0//-3 结果为 3.0
%	取余数，小数部分取 0，结果为浮点数类型	10.0%3 结果为 1.0 10.0%-3 结果为-2.0 -10.0%3 结果为 2.0 -10.0%-3 结果为-1.0

Python 语言中，整除与取余数同样可以在浮点数上操作，计算原理与整数上的操作相同，保持了同种运算在不同数据类型中的兼容性，将细节交给了编译器，降低了编程的复杂度。

在 Python 语言中使用浮点数，需要着重理解浮点数的精度和误差，浮点数的精度由有效数字的位数决定，如下面例子：

```
>>> a = 0.0004567890123456789012345
>>> print('%.25f'%a)
0.0004567890123456788751925
```

a 是一个变量，变量是一个存储数据的容器，它由变量名、数据类型和变量值 3 个属性确定。变量在其生存期间，根据其数据类型在内存中分配一定容量的存储单元，变量值存储在该存储单元中，通过变量名来获取或修改它的值。

往变量 a 中存入一个浮点数，取出显示时，从左往右第一个不为 0 的数字开始计数，到第十六个数字时数字出错，说明 Python 语言的 float 数据类型在表示实数时只能有 15 个数字不产生偏差(一些资料中提到 Python 3.X 对于浮点数默认的是提供 17 位数字的精度，但稳妥起见，建议让计算控制在 15 个有效数字范围内)。

有限有效数字可能会使实数的表示和计算产生数值误差，不仅如此，十进制转为二进制也会造成数值误差。如下面例子：

```
>>> a = 2.9
>>> print('%.25f' % a)
2.8999999999999999111821580
```

这是因为十进制数 2.9 转为二进制时数字位数是无限的，超过存储位数的二进制位将被截除，从而产生误差。

综上所述，在 Python 语言程序中，实数在存储和计算过程可能会产生误差，因而，判断 2 个实数相等时不应使用 == 号，而是应该判断 2 个实数是否足够接近，即近似相等。可以使用 math 扩展包中的 isclose()函数来实现，例如：

```
>>> import math
>>> a = 3
>>> b = math.sqrt(3) * math.sqrt(3)
>>> print(a == b)
False
>>> print(math.isclose(a, 3))
True
```

有时候不可避免需要使用高精度浮点运算，如涉及金融领域的时候。这里介绍采用 decimal 模块实现高精度浮点运算的方法：

```
>>> from decimal import Decimal
>>> a = Decimal('1.3')
>>> b = Decimal('1.7')
>>> print(a / b)
0.7647058823529411764705882353
```

Decimal 对象支持所有的常用数学运算。只是在创建一个 Decimal 对象的时候，数字是以字符串常量的方式被引用的(关于字符串，在后面小节介绍)。

decimal 模块允许控制数字位数和四舍五入运算。通过如下示例进行操作：

```
>>> from decimal import Decimal
>>> from decimal import localcontext
>>> a = Decimal('1.3')
>>> b = Decimal('1.7')
>>> with localcontext() as ctx:
        ctx.prec = 50
        print(a / b)
0.76470588235294117647058823529411764705882352941176
```

是否需要 decimal 模块来处理浮点数运算，首先需要理解程序的目的。如果是进行科学计算、工程领域的计算、电脑绘图，那么使用普通的浮点类型是比较普遍的做法。其中一个原因是，在真实世界中很少会要求精确度超过 15 位精度；另一个原因是，普通的浮点数计算要快得多，在进行大量运算的时候，速度可能更为重要，例如，在做电脑绘图时，实时画面的生成需要大量的浮点数运算，运算的速度决定动画的流畅程度。

需要指出的是，Decimal 并非 Python 内置的对象，需要在代码前面使用 import 引用 decimal 模块，如果遗漏 import，则代码运行出错，并提示 Decimal 没有定义。

2.2.3 复数

形如 z = a + bi(a、b 均为实数)的数称为复数。其中，a 称为实部，b 称为虚部，i 称为虚数单位。当 z 的虚部 b = 0 时，则 z 为实数；当 z 的虚部 b≠0，实部 a = 0 时，称 z 为纯虚数。在 Python 语言中，复数(complex)作为内置类型之一，只是要注意使用 j 或者 J 作为虚部后缀，例如 12 + 0.2j 或 12 + 0.2J。Python 语言支持复数的基本运算 + 、- 、× 、/等。

2.2.4 布尔型

布尔型数据通常用于表示判断结果的真与假，常量形式分别为 True 和 False，注意首字母必须大写，如下面例子：

```
>>> a = 10>5
>>> print(a)
True
```

2.2.5 字符串

Python 语言中的字符串可以很方便地表示任意数量字符构成的长串，字符串常量必须使用成对的单引号(')或双引号(")将字符括起来，例如'A'、"Python"和'神舟飞船'都是合规的字符串常量。

字符串在程序中是采用编码形式进行存储和表示的，Python 3. X 版本中，字符串是以 Unicode 编码的，也就是说 Python 的字符串支持多种语言。

这里简单介绍一下字符编码，由于计算机只能存储和处理数字(严格来说是二进制数，由于二进制数与其他进制数可以相互转换，因而不再强调什么进制的数字)，因而给不同的字符指定唯一的编号，这样计算机就可以通过存储编号以达到存储字符的目的。如果给所有需要使用的字符都指定唯一的编号，就形成了一个编码表。为了实现相互通信的目的，大家使用相同的编码表是必要的，否则就需要进行转换。

ASCII 码是最常用的编码之一，全称为美国信息交换标准代码。ASCII 编码中一个字符类型数据占用的内存空间是 1 个字节。ASCII 码总共定义了 128 个字符，使用 7 个二进制位数就可以提供 128 个不同的字符编码，这些字符与编码的对应关系见附录 A。

ASCII 码对于英语使用的 128 个字符已经够用，但计算机不仅仅用于英语，如果想表示其他语言，128 个符号显然不够用，所以很多其他国家都在 ASCII 的基础上发明了很多别的编码。也正是由于出现了很多种编码格式，导致了文件显示乱码的情况。比如说，发送邮件时，如果发信人和收信人使用的编码格式不一样，则收信人很可能看到乱码的邮件。基于这个原因，Unicode 字符集应运而生。

Unicode 字符集又称万国码、国际码、统一码等。从名字就可以看出来，它是以统一符号为目标的字符集。Unicode 对世界上大部分的文字系统进行了整理、编码，使得电脑可以用更简单的方式来呈现和处理文字。

Unicode 字符集可以使用的编码方案有 3 种，具体如下：

- UTF-8　一种变长的编码方案，使用 1～6 个字节来存储。
- UTF-16　介于 UTF-8 和 UTF-32 之间，使用 2 个或者 4 个字节来存储，长度既固定又可变。
- UTF-32　一种固定长度的编码方案，不管字符编号大小，始终使用 4 个字节来存储。

其中，UTF-8 是目前使用最广的一种 Unicode 字符集的实现方式，本书如果未说明，均采用 UTF-8 编码方案。Python 使用 Unicode 表示字符，因而减少了程序处理多国语言时出现乱码的情况。

```
>>> ord('Q')
81
>>> chr(81)
'Q'
>>> ord("网")
32593
>>> chr(32593)
'网'
```

除此之外，还有一些常用的特殊字符常量无法直接在程序中书写出来，Python 语言使用转义字符的形式表示这些特殊字符。转义字符常量是以反斜线(\)字符开始的字符序列，表 2-3 列出了常用的转义字符。

表 2-3　常用的转义字符

表示形式	含义说明	ASCII 码
\0	空字符	0
\a	响铃	7
\b	退格，当前输出位置回到前一位	8
\t	水平制表，当前输出位置跳到下一个制表位	9
\n	换行，当前输出位置跳到下一行的开始位置	10
\v	垂直制表，当前输出位置跳到下一个 Home 位置	11
\f	换页，当前输出位置跳到下一页的开始位置	12
\r	回车，当前输出位置跳到当前行的开始位置	13
\"	双引号	34
\'	单引号	39
\\	反斜线(\)字符	92
\ddd	1～3 位八进制 ASCII 码对应的字符	
\xhh	1～2 位十六进制 ASCII 码对应的字符	

```
>>> print("Welcome to \"Python\"!\nIt\tisn\'t an easy.\b job to learn.")
Welcome to "Python"!
It      isn't an easy job to learn.
```

由于双引号或单引号在 Python 语言中作为字符串常量的边界符，所以使用转义字符。\t 表示将输出位置移动到下一个制表位，默认的每个制表位占 8 列(即 8 个字符)。\b 表示输出位置退一字符位，因此\b 之后的空格在屏幕上输出时覆盖了原来输出的句点。

字符串的常用运算如表 2-4 所示。

表 2-4 字符串的常用运算

运算符	描述	实例
+	字符串拼接	'1' + '2'结果是'12'
*	字符串重复拼接	'12' * 3 结果是'121212'
[ ]	取子串(切片)	'China'[2]结果为'i' 'China'[-2]结果为'n' 'China'[0:2]结果为'Ch' 'China'[2:]结果为'ina' 'China'[::2]结果为'Cia' 'China'[::-1]结果为'anihC'
.find()	返回子串出现的起始位置，无则返回-1	
.count()	统计字符串中子串出现的次数	
.isalnum()	检测字符串是否仅由 0 到 9、a 到 z、A 到 Z、汉字构成	
.isalpha()	检测字符串是否仅由 a 到 z、A 到 Z、汉字构成	
.isdigit()	检测字符串是否仅由 0～9 构成	
.isspace()	检测字符串是否为空白串	str1 = ' \n\t ' str1.isspace()的结果是 True
.lower()	将字符串中的字母全部转换为小写	
.upper()	将字符串中的字母全部转换为大写	
.swapcase()	将字符串中的大写字母转换为小写，将小写字母转换为大写	
.title()	将字符串中单词的首字母大写	
.split()	用指定的字符分割字符串，默认空格分割	
.strip()	去除字符串首尾的空格、\n、\r、\t 如果指定，则去除首尾指定的字母	
len()	返回字符串的长度(字符个数)	

注：本书在表示作用于数据对象上的方法时，会在操作名前加一个成员运算符(.)，普通函数则不加该符号，以示区别。

字符串的索引从前往后是从 0 开始计数，依次加 1，从后往前是从-1 开始，依次减 1。

0	1	2	3	4
C	h	i	n	a
−5	−4	−3	−2	−1

字符串取子串，也称为字符串切片操作。语法格式：

str[begin:end:step]

step 可以取正整数或取负整数，不能取 0。若 step 为正时，从索引 begin 开始，当索引号小于 end，就选取该索引的字符，每次取后索引增加 step，直到索引号大于等于 end；若 step 为负时，从索引 begin 开始，当索引号大于 end，就选取该索引的字符，每次取后索引增加 step，直到索引号小于等于 end。

step 省略时默认为 1。

begin 省略时，若 step 为正，begin 为 0；若 step 为负，begin 为最末一个字符索引。

end 省略时，若 step 为正，从 begin 开始从左至右到最末；若 step 为负，从 begin 开始从右至左到最前。

end 和 step 都省略时，str[begin]取字符串 str 索引为 begin 的字符。

0	1	2	3	4
C	h	i	n	a
−5	−4	−3	−2	−1

'China'[2]结果为'i'。

0	1	2	3	4
C	h	i	n	a
−5	−4	−3	−2	−1

'China'[−2]结果为'n'。

0	1	2	3	4
C	h	i	n	a
−5	−4	−3	−2	−1

'China'[0:2]结果为'Ch'。

0	1	2	3	4
C	h	i	n	a
−5	−4	−3	−2	−1

'China'[2:]结果为'ina'。

0	1	2	3	4
C	h	i	n	a
−5	−4	−3	−2	−1

'China'[::2]结果为'Cia'。

0	1	2	3	4
C	h	i	n	a
-5	-4	-3	-2	-1

'China'[::-1]结果为'anihC'。

2.2.6 列表

Python 语言中,列表是一个有序且可更改的组合数据对象,允许重复的元素。列表使用一对方括号“[ ]”定义。下面均是定义列表的例子:

```
list1 = [1, 2, 3, 4, 5, 4, 3, 2, 1]
list2 = ['apple', 'banana', 'orange']
list3 = [1,'apple', 2, 'banana', 3 , 'orange']
list4 = []
```

在方括号内,由逗号分隔的项称为列表的元素,列表的元素可以是数字、字符串等,也可以是它们的混合形式。

列表的常用运算和操作如表 2-5 所示。

表 2-5 列表的常用运算和操作

运算符	描述	实例
+	列表拼接	[1,2,3]+[4,5]结果是[1,2,3,4,5]
*	列表重复拼接	[1,2]*3 结果是[1,2,1,2,1,2]
[index]	取元素	[1,2,3,4,5][2]结果为 3 [1,2,3,4,5][-2]结果为 4
[begin:end:step]	取子列表(切片)	[1,2,3,4,5][0:2]结果为[1,2] [1,2,3,4,5][2:]结果为[3,4,5] [1,2,3,4,5][::2]结果为[1,3,5] [1,2,3,4,5][::-1]结果为[5,4,3,2,1]
in	列表中是否存在给定的元素	3 in [1,2,3,4,5]结果为 True 6 in [1,2,3,4,5]结果为 False
=	更改列表中的元素	list1= [1,2,3,4] list1[0]=5 list1 结果为[5,2,3,4] list2 = [5,7,6,8] list2[1,3]=[6,7] list2 结果为[5,6,7,8]
.append(element)	在列表末尾添加元素	
.insert(index, element)	在列表指定的位置添加元素	

续表 2-5

运算符	描述	实例
del 列表名[index]	从列表中删除指定位置的元素	
.pop(index)	从列表中删除指定位置的元素	
.remove(element)	从列表中删除元素	
.reverse()	反转列表元素的排列顺序	
.sort()	对列表进行排序	
.sorted()	返回列表排序的结果，本列表顺序不变	
len()	列表的元素个数	len([1,2,3])结果是 3
min()	求列表最小元素	min([-1,0,1])结果是-1
max()	求列表最大元素	max([-1,0,1])结果是 1
sum()	求列表元素之和	sum([1,2,3])结果是 6

列表的取子列表操作与字符串的取子串操作相似，可参看字符串的取子串一节。

2.2.7 元组

元组是一个有序且不可更改的组合数据对象，允许重复的元素。元组使用一对圆括号“()”定义。下面均是定义元组的例子：

```
tuple1 = (1, 2, 3, 4, 5, 4, 3, 2, 1)
tuple2 = ('Sun', 'Mon', 'Tue', 'Wed', 'Thu', 'Fri', 'Sat')
tuple3 = (1, 2, 3, 'apple, 'banana', 'orange')
tuple4 = (1,)   # 当元组中只有一个元素时，必须在元素后加一个逗号
tuple5 = ()
```

元组与列表的区别是，元组一旦创建便只能访问，无法改变元素的构成、顺序和值；列表则可以根据需要改变元素的构成、顺序和值。由于元组创建之后不可更改，因而在初始化时比列表快。

元组的常用运算和操作如表 2-6 所示。

表 2-6 元组的常用运算和操作

运算符	描述	实例
+	元组拼接	(1,2,3)+(4,5)结果是(1,2,3,4,5)
*	元组重复拼接	(1,2)*3 结果是(1,2,1,2,1,2)
[index]	取元素	(1,2,3,4,5)[2]结果为 3 (1,2,3,4,5)[-2]结果为 4
[begin:end:step]	取子元组（切片）	(1,2,3,4,5)[0:2]结果为(1,2) (1,2,3,4,5)[2:]结果为(3,4,5) (1,2,3,4,5)[::2]结果为(1,3,5) (1,2,3,4,5)[::-1]结果为(5,4,3,2,1)

续表 2-6

运算符	描述	实例
in	元组中是否存在给定的元素	3 in (1,2,3,4,5)结果为 True 6 in (1,2,3,4,5)结果为 False
len()	元组的元素个数	

2.2.8 字典

字典是一个无序的、有索引的组合数据对象，不允许重复元素，但可以变更元素。字典用花括号定义，元素由键和值构成。下面均是定义字典的例子：

```
dict1 = {"year": 2022,"month": 10,"day": 1}
dict2 = {1:90, 2:85, 3:70}
dict3 = {}
```

字典类型用于存储关键字和其对应的值，并且关键字不能重复。字典被用于需要通过关键字快速存取值的场合，例如，将学生学号与其对应的考试分数存储到字典中，需要时就能快速通过学号查找到该学生的考试分数。

字典的常用运算和操作如表 2-7 所示。

表 2-7 字典的常用运算和操作

运算符	描述	实例
[key]	取值，如果字典中不存在 key，导致错误	dict = {1:60,2:80} dict[1]的结果为 60
in	字典中是否存在给定的元素	2 in {1:60,2:80}结果为 True 3 in {1:60,2:80}结果为 False
=	更改或增加字典中的元素	dict = {1:60,2:80} dict[1] = 90 dict[3] = 75 dict 结果为{1:90,2:80,3:75}
del 字典[key]	从字典中删除指定键值(key)的元素	
.clear()	清空字典中所有的元素	
.get()	根据 key 来获取其对应的 value，如果不存在 key，返回 None，不会导致错误	
.update(dict)	使用一个字典所包含的 key-value 对更新已有的字典，如果字典中不包含对应的 key-value 对，则添加到字典	

续表 2-7

运算符	描述	实例
. items()	取得所有键值对，类型为 dict_items	若 a={'Li':90,'Ce':85,'Wa':95}， 则 a. items()结果为 dict_items([('Li', 90), ('Ce', 85), ('Wa', 95)])； a. keys()结果为 dict_keys(['Li', 'Ce', 'Wa'])； a. values()结果为 dict_values([90, 85, 95])
. keys()	取得所有的键，类型为 dict_keys	
. values()	取得所有的值，类型为 dict_values	
. pop()	删除指定键值对	
. popitem()	返回和删除字典中的最后一对键和值	
len()	获得键值对的个数	

2.2.9 集合

集合是一个无序的组合数据对象，且不允许重复的元素。集合也是用花括号定义，但元素仅由值构成，与字典相区别的是没有用于索引的键。下面均是定义集合的例子：

```
set1 = {'apple', 'banana', 'orange'}
set2 = {2, 3, 5, 7, 11, 13}
set3 = set()
```

注意定义空集不能使用{}，这会被 Python 编译器判定为字典类型。

集合的常用运算和操作如表 2-8 所示。

表 2-8 集合的常用运算和操作

<table>
<tr><th>运算符</th><th>描述</th><th>实例</th></tr>
<tr><td>|</td><td>集合的并</td><td>{1,2,3}|{3,4,5}的结果为{1,2,3,4,5}</td></tr>
<tr><td>&</td><td>集合的交</td><td>{1,2,3}&{3,4,5}的结果为{3}</td></tr>
<tr><td>-</td><td>集合的差</td><td>{1,2,3}-{3,4,5}的结果为{1,2}</td></tr>
<tr><td>^</td><td>对称差集(将两个列表都有的部分去掉)</td><td>{1,2,3}^{3,4,5}的结果为{1,2,4,5}</td></tr>
<tr><td>in</td><td>字典中是否存在给定的元素</td><td>2 in {1,2,3}结果为 True
4 in {1,2,3}结果为 False</td></tr>
<tr><td>. add()</td><td>增加元素</td><td>set1 = {1,2}
set1. add(3)
set1 结果为{1, 2, 3}</td></tr>
<tr><td>. remove()</td><td>删除元素(元素不在集合中，报错)</td><td>set1 = {1,2}
set1. remove(1)
set1 结果为{2}</td></tr>
<tr><td>. discard()</td><td>删除元素</td><td>set1 = {'apple', 'banana', 'orange'}
set1. discard('banana')
set1 结果为{'apple', 'orange'}</td></tr>
</table>

续表 2-8

运算符	描述	实例
.issubset()	判断是否为子集	set1 = {1, 2 ,3} set1.issubset(1, 3)结果为 True
.clear()	清空集合中所有元素	set1 = {1, 2 ,3} set1.clear()结果为 set() # 空集

假设 A 集合为{1,2,3,4},B 集合为{3,4,5,6},则集合的交、并、差和对称差如图 2-1 所示。

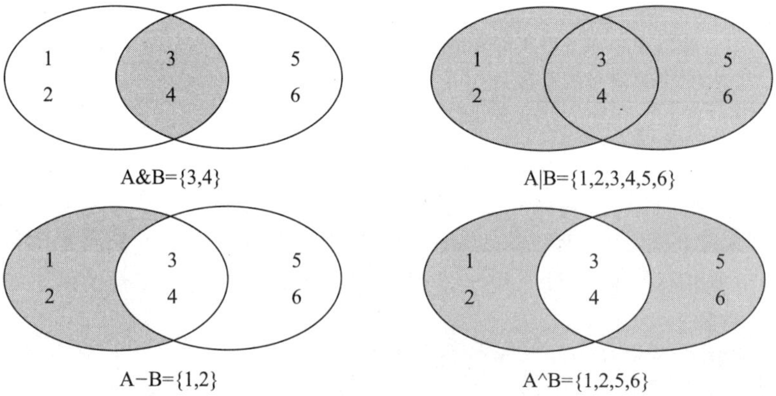

图 2-1　集合的交、并、差和对称差

2.3　运算符和表达式

运算是程序中对数据进行处理和操作的基本方式,描述数据处理和操作的符号称为运算符。Python 语言运算符的种类非常丰富,表 2-9 所示为一些 Python 常用运算符。从表中可以看出,同一个符号针对不同的代码上下文会表示不同的运算或操作。如加号,左右连接的是整数时,做加法计算;左右连接的是字符串时,做字符串拼接操作。这样做可以充分利用键盘上有限的符号,也不会影响对代码的理解。

表 2-9　Python 常用运算符

运算符	操作对象	功能说明
+	整数、浮点数、复数	算术加法
-		算术减法
*		算术乘法,矩阵乘法
**		幂运算,指数可以为小数,例如,3 ** 0.5 表示计算 3 的平方根
/		真除
//		整除
%		求余数,字符串格式化
+、-	整数、浮点数、复数	正号、负号,相反数、按位求反

续表 2-9

运算符	操作对象	功能说明
+ *	列表、元组、字符串	合并与连接 序列重复
-	集合	差集
<、< =、>、>、	整数、浮点数	关系运算，用于比较大小
= =、! =	所有对象	关系运算，判断相等或不等
<、< =、>、> =、= =、! =	集合	测试集合的包含关系
and、or、not		逻辑与、或、非运算符
in、not in	列表、元组、字符串、字典、集合	成员测试，表达式 x in y 的值当且仅当 y 中包含元素 x 时才会为 True
is、is not	列表、元组、字符串、字典、集合	测试两个对象是否为同一个对象的引用。如果两个对象是同一个对象的引用，那么它们的内存地址相同
&、|、^	整数	按位与、或、异或运算
&、|、^	集合	交集、并集、对称差集
<< >>	整数	左移位、右移位
[]	列表、元组、字符串	下标，切片；属性访问，成员访问

使用运算符将运算对象连接起来，构成的符合 Python 语言语法的式子称为 Python 表达式。表达式中的运算对象可以是常量、变量和函数调用。每个表达式都有确定的运算结果，称为表达式的值。通常根据运算符将表达式分类为：算术表达式、关系表达式、逻辑表达式、位表达式、赋值表达式和其他表达式。

计算表达式的值时，需要考虑运算符的以下特征：

(1)运算符连接的运算对象的个数　如果一个运算符只能对一个运算对象进行运算，则称为单目运算符。以此类推，可以连接两个运算对象的称为双目运算符。

(2)运算符的优先级　当一个表达式中同时出现多个运算符时，优先级决定了运算的先后次序，如大家都熟知的算术运算“先乘除，后加减”的优先级规定。当需要更改运算顺序时，可以使用()符号，如(3+(4+5))*6。

(3)运算符的结合性　当多个具有相同优先级的运算符连续出现在表达式中时，运算符的结合性规定了运算的先后次序。结合性分为“左结合”和“右结合”两种，左结合是指优先级相同的运算符按从左到右的顺序运算，右结合是从右到左运算。在 Python 语言的众多运算符中，多数是从左到右运算，因而特别留意从右至左的运算符即可。

2.3.1　算术表达式

使用 Python 语言的算术运算符和表达式进行运算时注意以下 2 点：

(1) + 、- 、* 与数学中的加法、减法和乘法的含义是相同的，混合运算中，优先级也与数学中规定的相同。

(2)Python 语言规定了 2 种除运算，使用/和//进行区分。/除结果是浮点数，保留小数部分，本书中也称为真除；//除结果是整数，舍弃小数部分，本书中也称为整除。

```
>>>5/3
1.6666666666666667
>>>5//3
1
```

整除并不会对舍弃的小数部分做四舍五入，如果需要根据除法结果的第 1 个小数位做四舍五入可以采用如下方法：

int(被除数/除数+0.5)　或　round(被除数/除数)

```
>>>int(5/3 + 0.5)
2
>>>round(5/3)
2
```

round()是 Python 的内置函数，其完整的使用方法描述如下：

```
round(number, digits)
```

number 是要四舍五入的数字的必需参数。

digits 是保留几位小数，后面的部分则做四舍五入，默认为 0。

显然，使用 round()函数做四舍五入更为方便。

"%"运算符也称为求余运算符，在 Python 语言中即可以对整数进行求余运算，也可以对浮点数进行求余运算。

2.3.2　关系运算符与关系表达式

关系运算也称为比较运算，也就是对 2 个运算数的大小关系进行比较，判定 2 个数值之间的关系是否符合关系运算符的要求的运算。关系运算的结果只有真和假 2 种，分别使用 True 和 False 表示。Python 语言提供了 6 种关系运算符，如表 2-10 所示。

表 2-10　Python 语言的关系运算符

运算符	作用
<	小于
<=	小于等于
>	大于
>=	大于等于
==	等于
!=	不等于

关系运算符用于比较 2 个运算数之间的关系，都属于双目运算符，如表 2-10 中列出的 6 种关系运算符。

使用关系运算符将 2 个运算数连接起来构成的式子，称为关系表达式。参与关系运算的运算数可以是简单的常量和变量，也可以是算术表达式、关系表达式、逻辑表达式等其他表达式。关系运算符与算术运算符组成复杂的表达式时，需要考虑它们之间的优先级关系，关系运算符的优先级低于算术运算符。以下都是符合 Python 语言规则的关系表达式：

(1)比较整型变量 k 大于 0，表达式为 k>0。

(2)比较考试成绩 score 大于等于 60，表达式为 score>= 60。

(3)判断整型变量 i 中存放的数是否为偶数，表达式为 i%2 == 0。

(4)判断整型变量 i 中存放的数是否为奇数，表达式为 i%2 != 0。

Python 语言中，多个关系运算可以连写，例如：

(1)60<= score<= 100，等价于 60<= score and score<= 100。

(2)a<b<c<d，等价于 a<b and b<c and c<d。

(3)判断字符变量 ch 的值是否为大写字母，表达式为'A' <= ch <= 'Z'，等价于'A' <= ch and ch<= 'Z'；同理，判断是否为小写字母，表达式为：'a' <= ch <= 'z'

(4)判断字符变量 ch 的值是否为数字字符，表达式为'0' <= ch <= '9'，等价于'0' <= ch and ch<= '9'。

2.3.3 逻辑运算符与逻辑表达式

有时程序中需要判断的条件比较复杂，是由多个简单条件组成的复合条件。例如，判断变量 i 是负奇数，i%2 != 0 且 i<0。Python 语言使用逻辑运算符表示判断式之间的与(且)、或、非的关系。

Python 语言中提供了 3 种逻辑运算符，如表 2-11 所示。

表 2-11 Python 语言的逻辑运算符

运算符	作用
and	逻辑与
or	逻辑或
not	逻辑非

逻辑运算符连接运算数构成的式子称为逻辑表达式。与关系运算相同，逻辑表达式的运算结果也只有真(True)和假(False)2 种情况，但是，在 Python 语言中，判断运算数的真假时，除了真和假 2 种逻辑值外，任何非 0 数值被判定为真，只有 0 才被判定为假。逻辑运算的规则可以用“真值表”描述，3 种逻辑运算的运算规则如表 2-12 所示。

表 2-12 逻辑运算真值表

a	b	not a	a and b	a or b
True(非 0)	True(非 0)	False	True	True
True(非 0)	False(0)	False	False	True
False(0)	True(非 0)	True	False	True
False(0)	False(0)	True	False	False

在表示复杂条件的逻辑表达式中，在没有圆括号改变运算顺序的情况下，not 优先级大于 and，and 的优先级大于 or，逻辑运算符的优先级低于关系运算符，下面是一些逻辑表达式的例子：

(1)判断字符变量 ch 的值是否为字母，表达式为'A' <= ch <= 'Z' or 'a' <= ch <= 'z'。

(2)判断变量 i 是负奇数，表达式为 i%2!=0 and i<0。

(3)判断年份 y 是否为闰年，表达式为 y%400==0 or y%4==0 and not y%100==0。

逻辑表达式计算过程中，为了提高程序运行效率，Python 语言在逻辑运算中使用了“短路运算”规则。即除了要考虑表达式中各个运算符的运算规则、优先级和结合性外，还需要遵循以下 2 条规则：

(1)逻辑表达式将优先级依次计算各个运算的值。

(2)在上述计算过程中，任何时候只要能够确定最终逻辑表达式的值，则计算过程结束。

例如，当 i=10，j=15 时，逻辑式 i>15 and j<20，j<20 并不会作判断，因为判断 i>15 时不成立，整个式子的值已经确定，结果为 False。

2.3.4 位运算符与位表达式

位运算是指对二进制的位(bit)进行的运算。Python 语言提供了 6 个位运算符，它们只能用于整型操作数。表 2-13 列出了 Python 语言提供的位运算符。

表 2-13 Python 语言的位运算符

运算符	名称	功能说明
~	取反	单目运算，操作数每个二进制位都取反，即 0 变 1，1 变 0
&	按位与	双目运算，两个操作数对应二进制位都是 1 时，结果为 1
|	按位或	双目运算，两个操作数对应二进制位有一个是 1 时，结果为 1
^	按位异或	双目运算，两个操作数对应二进制位相同结果为 0，否则为 1
<<	左移	双目运算，操作数的二进制位全部左移 n 位
>>	右移	双目运算，操作数的二进制位全部右移 n 位

(1)取反运算　取反运算符是一个单目运算符，其作用是把整数的所有二进制位都取反，即将整数的二进制位的 0 变成 1，1 变成 0。

例：a=10，计算~a。

```
 a   0000 1010
~a   1111 0101
```

说明：本小节例子只显示整数的最低的 8 位二进制数。

(2)按位与运算　按位与运算符“&”是双目运算符。其功能是参与运算的两数各对应的二进制位相与。只有对应的 2 个二进制位均为 1 时，结果位才为 1，否则为 0，参与运算的整数以补码方式出现。按位与运算通常用来对整数的某些位清零，同时保持其他位不变。

例如，定义 a=0x85，如果使变量 a 的最低 4 位二进制数不变，其他位上的数清零，则只需要定义 b=0xF，进行 a&b 运算即可。

a 1000 0101
b 0000 1111
a&b 0000 0101

(3)按位或运算　按位或运算符“|”是双目运算符。其功能是参与运算的两数各对应的二进制位相或。只要对应的 2 个二进制位有一个为 1 时,结果位就为 1。按位或运算通常用来对整数的某些位置 1,同时保持其他位不变。

例如,定义 a = 0xA8,如果使变量 a 的最低 4 位二进制数置 1 ,其他不变,则只需要定义 b = 0x0F,进行 a = a|b 运算即可。

a 1010 1000
b 0000 1111
a|b 1010 1111

(4)按位异或运算　按位异或运算符“^”是双目运算符。其功能是参与运算的两数各对应的二进制位相异或,当两对应的二进制位相同时结果为 0,不同时结果为 1。

例如,定义 a = 111, b = 222,分别执行如下操作:

```
>>>a = a^b
>>>b = a^b
>>>a = a^b
```

结果 a 为 222,b 为 111,a 和 b 的值完成了交换,过程如下所示:

a　01101111	a 10110001	a 10110001
b　11011110	b 11011110	b 01101111
a=a^b　10110001	b=a^b 01101111	a=a^b 11011110

(5)左移运算　左移运算符“<<”是双目运算符。其功能是把“<<”左边的运算数的各二进制位全部左移若干位,“<<”右边的整数指定移动的位数,低位(右)补 0。左移 n 位实际上就是把原数乘以 2 的 n 次方。

例如,a=3;左移运算 a<<4 是把 a 的各二进制位向左移动 4 位。

a 0000 0000 0000 00113
a<<4 0000 0000 0011 00003 $* \ 2^4 = 48$

使用 Python 语言,不用担心左移出现最高位超出存储空间而丢失,但是如果执行 a<<10000000,在看到结果之前需要等待很长时间。

(6)右移运算　右移运算符“>>”是双目运算符。其功能是把“>>”左边的运算数的各二进位全部右移若干位,“>>”右边的数指定移动的位数。右移 n 位实际上就是除以 2 的 n 次方。进行右移运算时,低位(右)移出的位被丢弃,高位(左)补位时的规则是高位补符号位(符号为 1 就补 1,为 0 就补 0)。

2.3.5　赋值运算符和赋值表达式

(1)赋值运算符　前面的一些例子中已经使用了赋值运算,赋值运算用来改变变量的值。

Python 语言采用“=”作为赋值运算符，其构成的赋值表达式的语法形式如下：

- 变量=表达式
- 变量 1=变量 2=... =变量 n=表达式
- 变量 1,变量 2,... ，变量 n=表达式 1,表达式 2,... ,表达式 n

赋值表达式的作用是将“=”右边表达式的运算结果赋给左边变量。赋值运算符其优先级很低，低于算术运算符、关系运算符、逻辑运符符、位运算符等。例如：

表达式 a=10//3 的作用是将整除的结果 3 赋给变量 a，如果变量原来有值，则该值被替换。

表达式 a=b=3 的作用是将 2 个变量都赋值为 3。由于赋值运算符是右结合的，先运算“b=3”，此时变量 b 得到值 3，然后再将 b 的值赋给 a，最终结果是变量 a 和 b 都被赋值为 3。

表达式 a,b,c=1,2,3 的作用是将 1、2、3 分别赋值给变量 a、b、c。赋值号左边多个变量使用逗号分隔，赋值号右边多个表达式同变使用逗号分隔，而且变量的数量与表达式的数量要相同。注意下面一个例子：

```
>>>a = b = 0
>>>c,a,b,d = a - b, 10, 5, a + b
>>>print(a,b,c,d)
10 5 0 0
```

上例中第 2 行，变量 a 和 b 的值会改变，但在给变量 c 和 d 赋值时使用的是变量 a 和 b 之前的值，不受该运算中变量 a 和 b 被改变的影响。这就是说，在第 2 行的运算中，只要等号两边变量和表达式的对应关系不变，先后顺序是没有影响的。

Python 是动态类型语言，变量的类型是随所赋值的数据的类型改变的，例如：

```
>>>a = 10
>>>print(type(a))
<class 'int'>
>>>a = a/10
>>>print(type(a))
<class 'float'>
```

上例中，因为真除运算 a/10 的结果是 1.0，类型为浮点数，所以变量 a 变成了浮点数类型。变量类型随程序运行情况变化，使用者无须关注运算过程中的类型的一致性，Python 语言的这种特性虽然方便了使用者，但也埋下了隐患，需要特别注意。

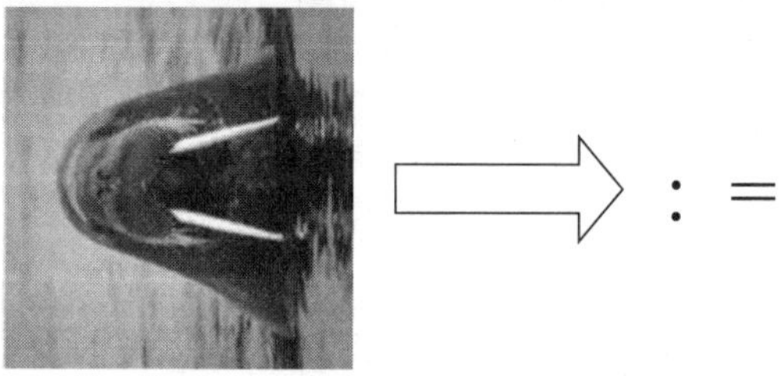

图 2-2　海象运算符示意图

(2)海象运算符　Python3.8 及后续版本增加了海象运算符:=(图 2-2)，该运算符除给变量赋值之外，最大的特性是赋值的数值可以与其他操作语句构成混合语句(这里混合语句指一条语句完成多个简单语句的功能)。

例如:

```
>>>c = (a: = 5) + (b: = 10)
>>>print(a,b,c)
5 10 15
```

在上例中,5 赋值给变量 a,10 赋值给变量 b,c 等于 a+b 得 15。注意,当一个表达式中有多个海象运算符时,按运算的优先顺序赋值,如下例所示:

```
>>>a, b = 10, 20
>>>c = (a: = b) + (b: = a)
>>>print(a,b,c)
20 20 40
```

上例第 2 行,因为先执行将变量 b 的值赋给变量 a,a 等于 20,再将变量 a 赋值给变量 b,b 仍为 20,c 为变量 a 与变量 b 的和,结果为 40。注意与下例区分开来:

```
>>>a, b = 10, 20
>>>a, b = b, a
>>>print(a,b)
20 10
```

海象运算符是对赋值运行符的补充,一般情况下,使用赋值运行符即可,合理使用海象运算符会让代码变得简洁,但过度使用海象运算符会让代码变得复杂难读。

(3)复合赋值运算符　为了使程序源代码书写简洁和进行代码效率优化,Python 语言允许将 5 种双目算术运算符和 5 种双目位运算符放在"="左边构成 10 种复合赋值运算符,如表 2-14 所示。

表 2-14　常用的复合赋值运算的表达式

复合赋值运算	作用说明	复合赋值运算	作用说明
x+ = y	x = x + y	x %= y	x = x % y
x- = y	x = x - y	x <<= y	x = x <<y
x *= y	x = x * y	x >>= y	x = x >>y
x **= y	x = x ** y	x &= y	x = x & y
x /= y	x = x / y	x ^= y	x = x ^ y
x //= y	x = x // y	x |= y	x = x | y

使用复合赋值运算符,注意运算符右侧的表达式是一个整体,要先于复合赋值运算中的算术运算或位运算进行,下面通过几个例子说明这个问题。

如果已知 a=5,表达式 a+=10 相当于 a=a+10,则运算后表达式的值和 a 的值均为 15。

如果已知 x = 5，表达式 x *= 2 + 3 相当于 x = x * (2 + 3)，则运算后表达式的值和 a 的值均为 25。

下面演变过程可以帮助理解：

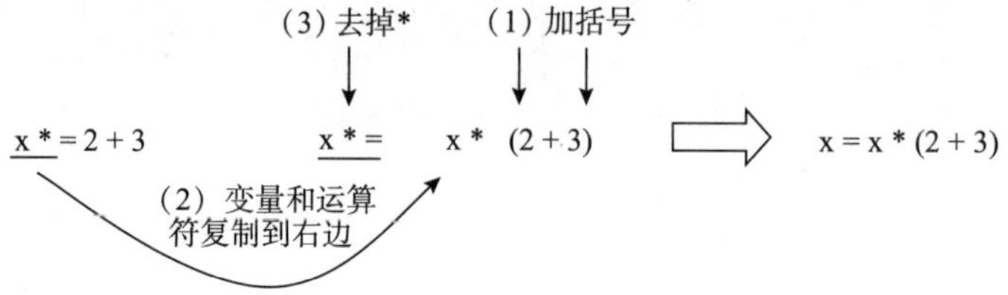

2.4 不同类型数据混合运算与数据类型转换

Python 语言程序中允许表达式中存在不同数据类型数据之间的运算，由于不同的数据类型对相同的运算符，因此表达式在进行混合数据运算时要先进行数据类型的转换，把不同的数据类型转换成相同的数据类型后，再进行运算。Python 语言提供自动类型转换和强制类型转换 2 种类型转换方式。

(1)自动类型转换　自动类型转换也称为隐式类型转换，转换规则如下：

• 如果 2 个操作数类型相同，不转换，结果的类型为操作数类型(但真除例外，真除的结果类型均是浮点型)。

• 如果 2 个操作数类型不相同，则根据下列过程判断将其中一个操作数类型转为与另一个操作数类型相同，结果的类型为转换后的数据类型。

下面给出几个简单的例子说明：

①True + 2，True 转为整数 1，运算结果是整型数 3。

②10 + 20.0，10 转为浮点数 10.0，运算结果是浮点数 30.0。

③20/10，由于是真除运算，结果是浮点数 2.0。

(2)强制类型转换　Python 程序中，当不同类型数据无法进行运算或自动类型转换无法满足要求时，就需要先强制地将其中一种数据转换为另一种数据类型再运算，这种强制类型转换也称为显式类型转换。强制类型转换语法格式为：

```
类型(需要转换的表达式)
```

例如下面例子：

• str(1234)的结果为字符串'1234'。

• tuple([1,2,3,4])的结果为元组(1,2,3,4) 。

不是所有类型之间都可以强制转换的，表 2-15 列出了相互之间是否能转换的关系。

表 2-15 不同类型相互转换关系表

	整型 (int)	浮点型 (float)	复数 (complex)	布尔型 (bool)	字符串 (str)	列表 (list)	元组 (tuple)	字典 (dict)	集合 (set)
整型	—	√	√	√	√	×	×	×	×
浮点型	√	—	√	√	√	×	×	×	×
复数	×	×	—	√	√	×	×	×	×
布尔型	√	√	√	—	√	×	×	×	×
字符串	√	√	√	√	—	√	√	×	√
列表	×	×	×	√	√	—	√	×	√
元组	×	×	×	√	√	√	—	×	√
字典	×	×	×	√	√	√	√	—	√
集合	×	×	×	√	√	√	√	×	—

注意：字符串转数值类型时，必须符合数值类型的字符组成规范。

程序设计中使用自动类型转换和强制类型转换时，要注意理解以下概念和现象。

(1)在进行强制类型转换时，有可能产生数据的丢失或偏差，进而导致运算结果不准确。例如，把 float 类型数据强制转换为 int 类型，会导致小数部分丢失；把 int 类型转换 float 类型时，如果 int 数值位数超过 float 类型最大有效数字个数，会造成超过有效数字范围的数字出现偏差。

(2)自动或强制类型转换都不会改变原来表达式中变量的值和类型。例如 a = 3.14 执行 b = int(a)之后，变量 b 得到转换后的整数 3，但变量 a 的类型和数值不变，仍保持为浮点数 3.14。

习 题

1. 计算下列表达式的值：

(1)144 // 11

(2)20 // −3

(3)35 % 8

(4)17.6 / 2.2

(5)9.9 % 2.3

(6)"Hello," + "world!"

(7)"Python" * 3

(8)"apple" == "Apple"

2. 写出实现如下数学公式的 Python 表达式：

(1)$\frac{1}{a}$

(2)a^b

(3)$\frac{a(b+c)}{d}$

(4) $\sqrt{a^2+b^2}$

(5) $\frac{1}{2}at^2$

3. 请使用位运算证明负整数是采用补码形式表示的(提示:正整数二进制各位取反再加1即得到该正整数对应负整数)。

第3章　程序设计初步

【学习目标】

(1)了解语句的作用和分类。

(2)掌握 Python 程序中常用的输入和输出方法。

(3)掌握使用 math 库解决程序中遇到的函数值计算问题。

(4)理解和处理好 Python 语言程序设计中需要注意的一般问题。

从程序的基本逻辑结构来讲,一个 Python 程序是由数据结构和算法 2 个部分组成的,其中数据结构部分用于描述程序中处理的数据,算法用于描述对数据的处理方法。数据的描述通过数据类型的定义实现,而算法描述的基本实现单位是语句。

3.1　Python 语句的作用与分类

语句是构成程序的基本单位,语句的作用是向计算机系统发出操作和运算指令，要求执行相应的操作。Python 语言的语句按照其功能主要分为 2 类:①用于描述计算机操作和运算的操作运算语句;②用于控制操作执行顺序的流程控制语句。

(1)操作运算语句　操作运算语句主要用于执行各种计算和操作。这包括输入、输出、算术运算、比较运算、逻辑运算等。以下是一些常见的操作运算语句:

```
r = float(input('输入圆半径:'))
s = 3.14159 * r ** 2
print('半径为', r, '的圆面积为', s)
```

由操作运算语句构成的代码段,一般按照由上到下顺序运行,但是调用函数时,会转入函数代码段执行,函数返回后会继续按顺序执行后续代码。

(2)流程控制语句　Python 语言的流程控制语句包括条件语句、循环语句和异常处理语句,主要的语句列举如下:

- 选择结构控制语句　if... elif... else,match... case
- 循环结构控制语句　for, while
- 转下一次循环语句　continue
- 中断循环语句　break
- 函数返回语句　return
- 异常处理语句　try... except

流程控制语句用于实现较复杂的程序流程控制，在后续章节中将陆续学习这一内容。

3.2 数据的输入和输出

为了让计算机程序能够处理数据，首先需要把待处理的原始数据提供给程序，然后程序运行过程产生的数据运算和操作结果以人可以识别的方式展示出来。使用输入设备（键盘、鼠标等）向计算机程序提供数据的过程称为数据输入；相反，计算机程序将数据通过输出设备（显示器、打印机等）将数据展示出来的过程称为数据输出。

3.2.1 数据输入

Python 语言程序中，数据输入通过调用内置函数 input()实现，使用格式如下：

```
变量名 = input( 提示字符串 )
```

使用 input()函数时无论输入什么内容，都会被视为字符串类型。因而，常常需要对输入的字符串根据具体的问题做必要的分隔和类型转换，才能适合运算的需要。本书将在后面章节，结合具体的例程，逐步深入地讲解和分析各种数据输入的处理方法。

```
>>> name = input('输入姓名：')
输入姓名：Smith
>>> a = input()
123
>>> type(a)
<class 'str'>
```

上例中，通过键盘输入的无论是字母还是数字，变量中存放的都是字符串类型数据。需要得到整数可以使用 int()进行转换，同理，使用 float()可以转化为浮点数类型。

```
>>> a = int(input())
123
>>> type(a)
<class 'int'>
```

3.2.2 数据输出

Python 语言程序中，数据输出通过调用内置函数 print()实现，使用格式如下：

```
print(输出对象列表, sep = ' ', end = '\n', file = sys.stdout, flush = False)
```

输出对象列表表示可以一次输出多个对象。输出多个对象时，需要用逗号分隔。sep 用来间隔多个对象，默认值是一个空格。end 用来设定以什么结尾。默认值是换行符 \n，可以换成其他字符串。file 为要写入的文件对象。flush 输出是否被缓存通常决定于 file，但如果

flush 关键字参数为 True,输出缓存区会被强制刷新。

其中输出对象列表是必需的,其他都可以省略,省略时取默认参数。file 和 flush 参数将在文件一章中讲解。一般使用只涉及输出对象、sep 和 end 参数。下面是关于 print 简单使用的例子:

```
>>> year, month, day, hour, minute, second = 2023, 1, 1, 11, 30, 40
>>> print(year, month, day, sep = '-', end = '\n--------\n')
2023-1-1
--------
>>> print(hour, minute, second,  sep = ':')
11:30:40
```

第一行是给变量赋值。第二行输出对象列表中有 3 项,依次输出 year、month、day,sep = '-'指定了它们之前的分隔符号为一个减号(不指定默认是以一个空格作为分隔符),end = ' '指定了本行输出最后是以"回车+8 个减号+回车"结尾(不指定默认是以回车作为结束符)。第五行的输出对象列表也是 3 项,依次输出 hour、minute、second,sep = ':'指定了它们之前的分隔符号为一个冒号。

print 函数是一个功能强大的函数,它可以通过格式化输出方式得到用户希望的输出效果,如文字与数值混显、指定浮点数显示的小数位数等。

(1)格式控制　在 print 函数中,% 符号被用于表征一个格式控制,下面示例演示了常用的情况:

```
>>>name, age, height = '小明', 19, 1.725
>>>print('姓名:%s, 年龄:%d,身高:%.2f' % (name, age, height))
姓名:小明, 年龄:19,身高:1.73
```

在字符串内部,%s 表示用字符串替换,%d 表示用整数替换,有几个%表征的格式字串,后面就跟几个表达式,但是顺序要一一对应,%s 对应字符串表达式,%d、%f 对应数值表达式。如果只有一个%,后面的括号可以省略。

表 3-1 列出了部分格式控制字符,表 3-2 列出了部分附加格式控制字符。

表 3-1　print 函数的格式控制字符

格式字符	含义
d	以有符号十进制形式输出整数,正数不输出符号 +
f	以小数形式输出实数,保留 6 位小数
o	以八进制形式输出整数,无前导符 0
x,X	以十六进制形式输出整数,无前导符 0x;X 的大小写控制十六进制字母的大小写
e,E	以指数形式输出实数,尾数部分保留 6 位小数;大小写对应指数的 e 或 E
g,G	以 f 或 e 格式符中输出宽度较短的形式输出实数
s	输出一个字符串

表 3-2 print 函数的附加格式控制字符

附加格式字符	含义
m	m 为正整数常量，表示输出数据的最小宽度。实际数据宽度小于 m 时，输出数据在宽度 m 的区域内右对齐，左边补空格；实际数据宽度大于 m 时，按实际位数输出
.n	n 为正整数常量。用于 f、e 前表示输出 n 位小数；用于 s 前表示输出前 n 个字符
-	用于 m 前，表示输出数据在宽度 m 的区域内左对齐
+	用于 d、f、e 等前，表示输出正数的符号＋
0	数字 0，用于 m 之前，输出区域左边的空白补 0
#	用于 o 或 x 前，表示输出八进制的前导 0 或十六进制的前导 0x

(2)字符串格式化 format 方法　另外一种格式化字符串的方式就是使用字符串的 format 方法，它会用传入的参数依次替换字符串内的占位符{0}、{1}、…，占位符{}内也可以不加序号。下面示例演示了一般使用情况：

```
>>>name, money = '王军', 5143.438
>>>print('您好{0}，您的账户余额为{1:.2f}元'.format(name, money))
您好王军，您的账户余额为 5143.44 元
```

看一看 format 方法是如何工作的：

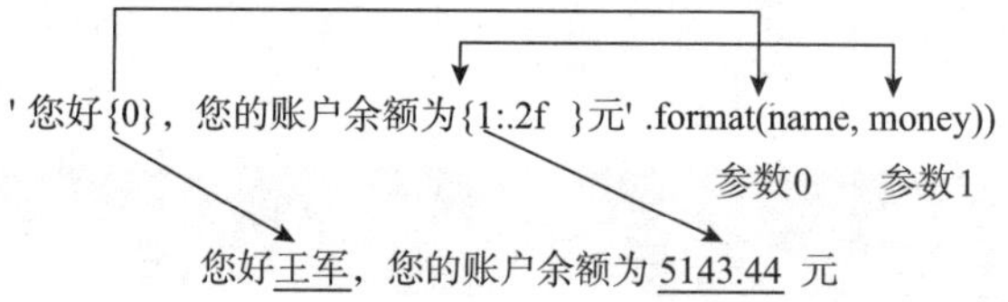

format 方法中同样可以使用格式控制字符，只是这里不用%表征，而是使用一个冒号与序号分隔。

如果不想按顺序替换，可以给占位符取名，如下例所示：

```
>>>name, money = '王军', 5143.438
>>>print('您好{name}，您的账户余额约为{money:.2f}元'.format(money = money,
name = name))
您好王军，您的账户余额约为 5143.44 元
```

(3)f-字符串　最后一种格式化字符串的方式是使用 f 开头的字符串，称为 f-string，它和普通字符串不同之处在于，占位符{}内包含变量，就会以对应的表达式的值直接替换。

【例 3-1】 计算两数和——输入 2 个浮点数(以逗号分隔)，输出它们的和(结果只显示 2 位小数)。

```
inp = input()
a, b = inp.split(',')
print(f'{a} + {b} = {float(a) + float(b):.2f}')
```

程序运行结果如下：

```
15.123,25.456
15.123 + 25.456 = 40.58
```

使用 f-string 使代码简洁，但是过度使用会令代码难于阅读。

3.3 math 库和常用的数学函数

数学运算是计算机程序中经常使用的运算形式，除了基本的算术运算符之外，Python 语言通过内置模块 math 提供了将近 50 个常用的数学运算的标准函数，以方便编写程序使用。本节介绍常用的数学常数和运算函数，更多的数学函数请参见附录和其他资料。

由于 math 是内置模块，使用前，需要 import math。

(1)数字常数　在 math 库中定义了 4 个数字常数，在计算中可以直接使用(表 3-3)。

表 3-3　在 math 库中定义的数字常数

常数	数学表示	描述
math. pi	π	圆周率，值为 3.141592653589793
math. e	e	自然对数，值为 2.718281828459045
math. inf	∞	正无穷大，负无穷大为-math. inf
math. nan		非数字标记，NAN(Not a Number)

(2)常用数值表示函数(表 3-4)

表 3-4　常用数值表示函数

函数	数学表示	描述
math. fabs(x)	$\|x\|$	返回 x 的绝对值
math. fsum(obj)	Σ	返回 obj 中所有元素的累加和，obj 为可遍历对象，例如列表、元组、字典、集合、整数序列等
math. factorial(x)	$x!$	返回 x 的阶乘
math. gcd(a,b)		返回 a 与 b 的最大公约数
math. fmod(x,y)	$x\%y$	返回 x 除以 y 的余数
math. modf(x)		返回 x 的小数和整数部分
math. trunc(x)		返回 x 的整数部分
math. isclose(a,b)		判读 a 和 b 是否相近

示例演示如下：

```
>>>import math
>>>math.fsum(range(1,101))
5050
>>>math.factorial(50)
30414093201713378043612608166064768844377641568960512000000000000
```

```
>>>math.gcd(32, 48)
16
```

(3)幂对数函数(表 3-5)

表 3-5　幂对数函数

函数	数学表示	描述
math.pow(x,y)	x^y	返回 x 的 y 次幂
math.sqrt(x)	$\sqrt{x}$	返回 x 的平方根
math.log(x[,base])	$\log_{base} x$	返回 x 的以 base 为底的对数值
math.log2(x)	$\log_2 x$	返回 x 的以 2 为底的对数值
math.log10(x)	$\log_{10} x$	返回 x 的以 10 为底的对数值

(4)三角对数函数(表 3-6)

表 3-6　三角对数函数

函数	数学表示	描述
math.degree(x)		弧度值 x 转角度值
math.radians(x)		角度值 x 转弧度值
math.sin(x)	$\sin x$	返回 x 的正弦值,x 是弧度表示的角度
math.cos(x)	$\cos x$	返回 x 的余弦值,x 是弧度表示的角度
math.tan(x)	$\tan x$	返回 x 的正切值,x 是弧度表示的角度
math.asin(x)	$\arcsin x$	返回 x 的反正弦值,x 是弧度表示的角度
math.acos(x)	$\arccos x$	返回 x 的反余弦值,x 是弧度表示的角度
math.atan(x)	$\arctan x$	返回 x 的反正切值,x 是弧度表示的角度
math.hypot(x,y)	$\sqrt{x^2+y^2}$	返回平面坐标系中(x,y)坐标到原点(0,0)的距离

示例演示如下:

```
>>>import math
>>>math.sin(math.radians(30))          # 计算 30 度角的正弦值
0.49999999999999994
>>>math.cos(math.radians(30))          # 计算 30 度角的余弦值
0.8660254037844387
```

3.4　顺序结构程序示例

语句需要按照一定的顺序组织起来,这样才能按照设计者的意图完成计算任务。结构化的程序方法定义了 3 种基本结构:顺序结构、分支结构和循环结构,任何结构化的程序都可以分解为由这 3 种结构构成的组合体。顺序结构是 3 种结构中最简单的,语句按照在程序中排列的先后顺序执行。

IPO 指的是通常程序包括的 3 个顺序处理环节。输入(input)是指载入需要处理的数据；处理(processing)包括数据转换、计算、传输等；输出(output)是指显示处理的结果或将结果保存在永久记录设备中。下面是一些简单实现了 IPO 的例程。

【例 3-2】 输入三边长计算三角形面积——输入三角形三边长(以逗号分隔)，使用海伦公式计算三角形的面积并输出，结果显示 3 位小数，假设输入的三边长一定能构成三角形。

海伦公式如下：

$$s = (a + b + c)/2$$

$$\text{area} = \sqrt{s(s-a)(s-b)(s-c)}$$

【思路分析】 按照 IPO 的顺序结构设计方法。输入部分为通过键盘输入需要的三边长，由于题目没有说明是整数还是浮点数，常识判断边长有可能是带小数部分的，因而程序中要当作浮点数进行处理。计算部分直接套公式，注意数学公式与 Python 表达式的不同书写形式，公式中开平方根可以使用 math. sqrt()函数实现。输出部分使用 print 函数。

完整代码如下：

```
import math
inp = input('输入三角形三边长(以半角逗号分隔):')
a, b, c = inp.split(',')
a, b, c = float(a), float(b), float(c)
s = (a+b+c) / 2
area = math.sqrt( s*(s-a)*(s-b)*(s-c))
print(f'三角形面积为:{area:.3f}')
```

程序运行结果如下：

```
输入三角形三边长(以半角逗号分隔):4,5.5,6
三角形面积为:10.697
```

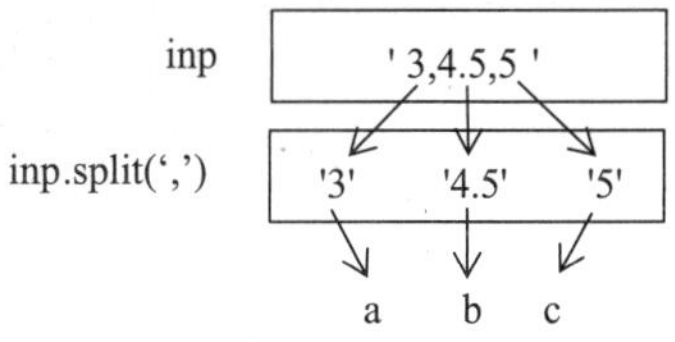

上述例子中，代码第 2 行通过键盘输入一个字符串，以键入回车符结束。输入的字符串存储在变量 inp 中，字符串中不含最后键入的回车符。代码第 3 行字符串的 split 方法作用是根据指定的分隔字串，将字符串分隔成多个子串构成的列表。注意，Python 语言是区分半角字符和全角字符的，因而半角逗号“,”与全角逗号“，”被视为不同符号。split 方法不会改变字符变量 inp 的值，分隔得到的子串被分别赋值给变量 a、b、c。

代码第 4 行，将字符型的数字转为浮点数值，结果分别重新赋值给变量 a、b、c，3 个变量被重新赋值，类型也由字符型转为浮点型。至此，题目“输入三角形三边长”的任务完成。

代码第 5、6 行为直接套用公式计算，由于题目已经假设输入的三边长一定能构成三角形，即满足“三边长均为正数且任意两边之和大于第三边”，所以开平方根总能够顺利完成，不会出现对负数开平方根的情况。

代码第 7 行使用 f-string 形式输出结果，冒号后面的. 3f 表示显示浮点数 3 位小数。

【例 3-3】 求一元二次方程的根——求一元二次方程 $ax^2+bx+c=0$ 的 2 个实根，结果小数位不显示无效的 0。其中系数 a、b、c 由键盘依次输入，假设输入的系数能够保证 $b^2-4ac>0$ 成立。

【思路分析】 根据数学知识知道，如果 $b^2-4ac>0$ 成立，则一元二次方程一定有 2 个实根，可以由以下公式计算得到：

$$x_1=\frac{-b-\sqrt{b^2-4ac}}{2a},x_2=\frac{-b+\sqrt{b^2-4ac}}{2a}$$

完整代码如下：

```
import math
inp = input('输入 a b c:')
a, b, c = inp.split()
a, b, c = float(a), float(b), float(c)
x1 = (-b-math.sqrt(b**2-4*a*c))/2/a
x2 = (-b+math.sqrt(b**2-4*a*c))/2/a
print(f'x1={x1:g}, x2={x2:g}')
```

程序运行结果如下：

```
输入 a b c:1 -2 -3
x1=-1, x2=3
```

上例中，代码第 3 行 split 方法不带参数，此时默认以空格符分隔，并且当连续出现多个空格时，会自动处理连续的空格，不会在结果中出现空格子串的情况。分隔后的子串被分别赋值给变量 a、b、c。

注意区分 inp. split()与 inp. split(' ')的差异，当用户输入数据时，数据之间是用若干个空格符号分隔，不严格规定只用一个空格符号，这时 inp. split()与 inp. split(' ')的执行结果会有所不同。

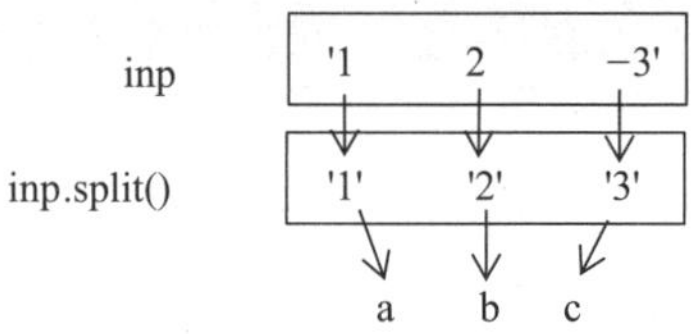

3.5 程序设计中注意的问题

3.5.1 源程序代码风格和注释

源程序代码风格是指如何安排源程序代码的外观样式，通俗来讲就是对源程序进行合理的排版。Python 语言是一门强制要求代码缩进的编程语言，这为代码书写的规范性和代码的易读性都带来了巨大的好处。

除了代码缩进之外，注释是附属于源程序的说明性文字，对程序的编译和运行没有影响，但是它的存在有助于程序员更好地阅读和理解程序的思路。好的源程序代码风格和适当的注释在程序设计过程中同样发挥重要的作用,随着学习知识的增多,程序会越来越复杂,其作用也会更明显。下面给出几点建议。

(1)适当的注释　通常在程序的开始部分,应该给出一段摘要性的注释(通常使用多行注释),简要介绍这个程序要做什么、关键特征、使用的数据结构和特殊之处。在比较长的程序中,还应该加入一些注释,对程序的主要或关键步骤进行说明,解释说明每一个难以理解的部分。

同时注释也应该简洁明了,以避免源程序臃肿,使阅读者的注意力难以集中到代码上。

(2)变量和常量的命名　源程序中的变量、常量以及后面要学习的函数都需要给出一个描述性的名字。前面介绍过 Python 语言的标识符大小写是敏感的,一般来讲,变量通常采用小写字母组成的标识符,宏定义命名的符号常量通常采用大写字母。常量采用全部大写字母,如果是多个单词构成,可以用下划线隔开,如 YEAR 和 WEEK_OF_MONTH。

尽量避免使用随意的命名,应该使用有意义的、描述性较好的完整单词进行命名。

(3)包和模块的命名　包采用全部小写字母命名,中间可以由点分隔开,不推荐使用下划线。作为命名空间,包名应该具有唯一性,推荐采用公司或者组织域名的倒置,如 com. apple. quicktime. v2。模块采用全部小写字母命名,如果是多个单词构成,可以用下划线隔开,如 dummy_threading。

(4)类的命名　使用首字母大写单词串,如 MyClass。内部类可以使用额外的前导下划线。

类总是使用驼峰格式命名,即所有单词首字母大写,其余字母小写。类名应该简明精确,并足以从中理解类所完成的工作。常见的一个方法是使用表示其类型或者特性的后缀,如 SQLEngine 和 MimeTypes。

(5)函数名和方法名　函数名应该为小写,可以用下划线风格单词以增加可读性,如 myfunction 和 my_example_function。

(6)异常的命名　异常属于类,命名与类的命名相同,但应该使用 Error 作为后缀,如 FileNotFoundError。

3.5.2　程序设计错误

即使对有多年编程经验的程序员来说,程序中出现错误也是不可避免的。一般可以把程序设计过程中出现的错误分成3类:

(1)语法错误　源程序中出现的违反 Python 语言语法规则的错误称为语法错误,由于它可以在编译时由编译器发现,也称为编译错误。关键字拼写错误、遗漏了分号等符号、使用没有定义的变量等都是常见的语法错误。出现语法错误时,应该仔细阅读编译器给出的错误信息,在提示出错的位置或附近检查有没有违反语法规则的地方。

(2)运行错误　运行错误是指程序在运行过程中由于出现了不合理的操作,从而导致程序不能继续正常运行而提前结束的错误。

运算时类型不匹配就是一种常见的运行错误,例如,程序执行 1+'2',导致程序运算错误出现。Python 程序执行过程中,可以通过 try 语句对运行错误进行捕获和处理。如果程序没有设置对错误进行捕获和处理的代码,当运行错误出现时,程序将中止执行,并显示出错信息。

关于 try 语句的使用将在后续章节中详述。

(3)逻辑错误　逻辑错误是指程序没有按照预期的目标运行。造成逻辑错误的原因有很多,例如,对问题理解得不完整导致算法出错、程序语句安排上的问题等。通常使用调试程序的方法发现和修改逻辑错误。

3.5.3　调试程序

逻辑错误一般称为 bug,寻找和修改逻辑错误的过程称为调试(debug)。

对于简单程序的调试可以通过阅读源程序、人工模拟程序的运行发现错误出现在什么地方,并进行修正。也可以在源程序的关键处理语句后面插入输出语句,通过运行程序显示变量的值或程序的执行流程,从而发现错误之处。

对于大型复杂程序的调试,这样的方法不可靠,应该使用调试工具。包括 Visual Studio Code 在内的大多数集成开发环境都包括调试工具。调试工具虽然多种多样,但都支持以下基本功能:

· 单步跟踪。调试工具允许每次执行一条语句,这样能够查看每条语句的执行结果。

· 进入或跳过一个函数。可以进入一个函数,单步跟踪函数内语句的执行;也可以把函数调用语句作为一条语句,直接跳过函数,如果确认函数能够正确工作,应该跳过函数。

· 设置断点。可以在特定的语句设置断点。程序会在断点处暂停运行,并显示断点所在行。通常在可能出现错误的行前面设置断点,程序执行到断点暂停,再使用单步跟踪。

· 显示变量值。调试工具可以显示一些选定的变量的值。使用单步跟踪过程中,这些变量的值会不断变化,便于程序员发现错误。

· 显示调用栈。调试工具允许跟踪所有的函数调用,并列出所有执行中的函数。

· 修改变量。调试工具允许在调试过程中修改变量的值。通常在不希望结束调试,又想测试程序对不同数据的行为时使用。

调试程序也是编程能力的一个重要部分,初学编程时可能觉得使用调试程序非常困难,编程过程中不仅要将集成开发环境当成有编译运行功能的文本编辑器,要勇于尝试和学习程序调试方法,提高编程的能力和效率。

习　题

1. 编写程序,从键盘输入圆半径和圆柱体高度,计算并输出圆周长、圆面积、球体积、圆柱体表面积,结果显示 3 位小数。

2. 从银行贷款金额为 d,准备每月还款额为 p,月利率为 r。请编写程序输入这 3 个数值,计算并输出多少个月能够还清贷款,输出为整数,不足一个月按一个月计算。计算公式如下:

$$\text{month}=\left\lceil \frac{\lg\left(\frac{p}{p-d\times r}\right)}{\lg\,(1+r)} \right\rceil,\lceil\,\rceil\text{表示向上取整}$$

第 4 章　程序控制

【学习目标】

(1)熟练掌握 if...elif...else 和 match...case 选择结构的语法和应用。

(2)熟练掌握 for 和 while 循环结构的语法和应用。

(3)熟练掌握 break 和 continue 语句的用法。

(4)理解和掌握选择结构、循环结构的嵌套使用。

(5)掌握异常处理的应用。

顺序结构的各条语句按照在程序中的排列顺序自上而下依次执行,执行完一条语句自动执行下一条语句,这是最简单的程序结构。实际程序设计过程中,更多的情况是需要分支结构和循环结构。根据某个条件是否成立决定某些语句能否执行,或者从给定的两组或多组语句中选择其中一组来执行,这是选择结构程序设计需要解决的问题。根据某个条件决定一段程序需要反复执行多次,这是循环结构程序设计需要解决的问题。

4.1　选择结构

程序设计中选择结构程序对应的常见问题分为 3 种情况:

(1)决定某个操作做还是不做,称为单分支选择结构。对某个问题的处理经常是根据某个条件进行判断,如果条件成立,则执行特定的语句来处理问题,否则什么都不做。

(2)决定在两个相关的操作中选择哪一个来做,称为双分支选择结构。需要处理的两个操作往往和同一个条件相关,当条件成立时做一个操作,当条件不成立时做另外一个操作。

(3)确定在多个相关的操作中选择哪一个来做,称为多分支选择结构。如果各分支的选择是通过表达式的不同取值来确定,则可以使用多分支语句 match...case 来实现;如果分支的判定依据较为复杂,则通常的做法是将多分支的判定条件合理安排,把多分支转化成多个双分支嵌套的结构来处理。

Python 语言提供 if 语句。通过使用 if 语句及其组合形式解决上述 3 种情况的选择结构程序设计。Python 语言从 3.10 版开始新增了 match...case 语句,可以更简便地处理按值(或类型、结构)跳转的多分支情况。

4.1.1　if 语句

if 语句又被称为分支语句,可构成单分支(if)、双分支(if...else)和多分支(if...elif...else)多种结构。

if 语句的单分支选择结构是根据一个判断条件决定是否执行某些语句，其语法格式如下：

```
if 表达式:
    分支语句段
```

单分支 if 语句的执行流程如图 4-1 所示，首先计算作为条件的表达式的值；如果条件成立(表达式值为真或非 0 或非空)，则执行 if 分支语言句段中的语句；否则跳过分支语句段结束该 if 语句的执行，继续执行后继的语句。

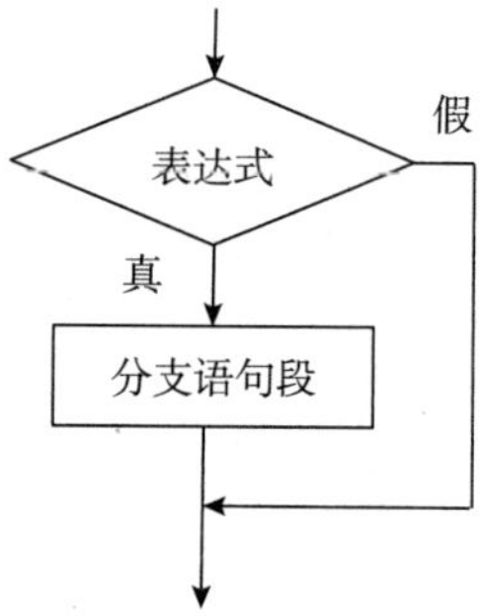

图 4-1　单分支 if 语句流程图

语句中 if 关键字后面的括号中的表达式表示判断条件，一般使用关系表达式或逻辑表达式。如果不是关系表达式，也不是逻辑表达式，Python 语言将非 0(非空)视为真，将 0(空)视为假。

分支语句段可以是一条语句，也可以是多条语句。分支语句段内的语句必须相对于 if 语句行进行缩进编写，缩进可以使用 Tab 键，也可以使用空格键，以 Visual Studio Code 为例，按一次 Tab 键相当于 4 次空格键。同一级缩进的语句必须缩进相同的字符数，保持每行语句的首字母对齐。

【例 4-1】 调整两数大小顺序——从键盘输入 2 个整数给变量 a 和 b，要求大的数放在变量 a 中，小的数放在变量 b 中，输出变量 a、b 的值。

【思路分析】 求解本题的过程可以简单地分为以下 3 个步骤：

(1)输入 2 个数赋值给变量 a 和 b。

(2)如果 a<b，执行 a 和 b 互换。

(3)输出变量 a 和 b 的值。

第(2)步中是否需要互换 a 和 b 的值，则根据条件 a<b，若条件成立，则将互换，否则什么都不做。程序的流程如图 4-2 所示。

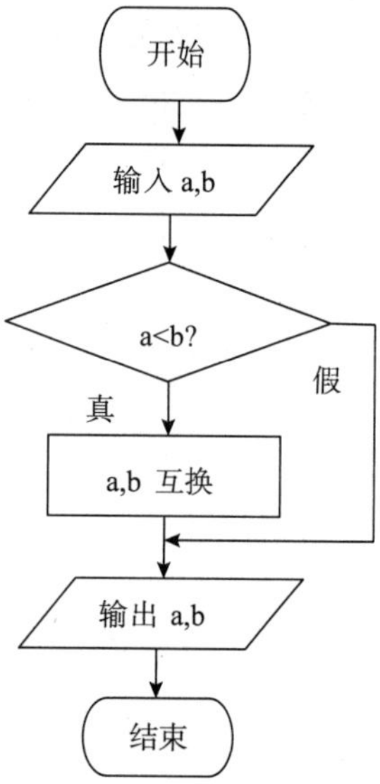

图 4-2　调整两数大小流程图

完整代码如下所示：

```
a = int(input('输入第 1 个数:'))
b = int(input('输入第 2 个数:'))
if a<b:
    a,b = b,a
print('按先大后小输出结果:', a, b)
```

程序运行结果如下：

```
输入第 1 个数:5
输入第 2 个数:8
按先大后小输出结果: 8 5
```

程序运行时，输入 2 个整数， 行 个，如果先输入的数小于后输入的数，第 4 行代码会被执行，否则第 4 行代码不会执行。最终结果，变量 a 中始终存放较大的数。

双分支结构的 if 语句的语法格式如下：

```
if 表达式:
    分支语句段 1
else:
    分支语句段 2
```

其中分支语句段 1 是在表达式的条件成立（结果为真）时执行，称为“真”分支；分支语句段 2 是在条件不成立（结果为假）时执行，称为“假”分支。在双分支 if 语句的一次执行过程中，“真”和“假”两个分支必然有且只有一个分支执行，其执行流程如图 4-3 所示。

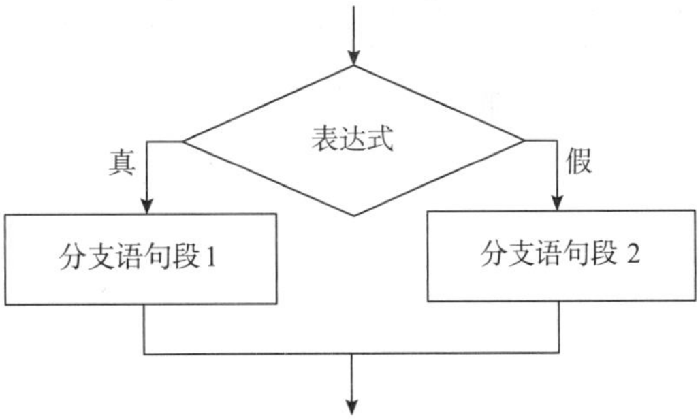

图 4-3　双分支 if 语句流程图

与单分支 if 语句一样，分支语句段句 1 和分支语句段 2 可以是一条语句，也可以是多条语句。多条语句时需要保持缩进。

【例 4-2】 计算电费——分段函数，就是对于自变量的不同的取值范围有不同的解析式的函数。分段函数在生活中经常会遇到。某市为了鼓励居民合理用电、不过度用电，制定了阶梯电价制度，如下所示：

$$\text{当月电费} = \begin{cases} 0.64\ \text{元/度} & \text{当月用电在 } 0\sim400\text{ 度} \\ 0.94\ \text{元/度} & \text{当月用电超出 } 400\text{ 度的部分} \end{cases}$$

要求编程实现，输入一个非负整数的当月用电量，计算并输出当月电费，显示 2 位小数。

【思路分析】 设输入的当月用电量为 x，当月电费为 y，当 x 小于等于 400 时，计算比较简单，直接计算 y = 0.64*x 即可。容易出错的是当 x 大于 400 时的情况。此时，直接计算 y =

0.94*x 吗？当 x 大于 400 时，用电量 x 中 400 度仍然按 0.64 元/度计算，x－400 的部分才按 0.94 元/度计算，因而当 x 大于 400 时，计算公式为 y＝0.64*400＋0.96*(x－400)。由此得到如下分段函数：

$$y=\begin{cases}0.64*x & \text{当 } x<=400\\ 0.64*400+0.94*(x-400) & \text{当 } x>400\end{cases}$$

完整代码如下：

```
x = int(input())
if x< = 400:
    y = 0.64*x
else:
    y = 0.64*400 + 0.94*(400 - x)
print('%.3f'% y)
```

程序运行时，输入小于等于 400 的情况，例如：

```
279
178.56
```

输入大于 400 的情况，例如：

```
573
418.62
```

上述程序判断逻辑比较简单，而且是关于求值的问题，可以使用 if 表达式实现，代码修改如下：

```
x = int(input())
y = 0.64*x if x<400 else 0.64*400 + 0.94*(400-x)
print('%.3f'% y)
```

if 表达式是一种在单行中使用条件语句的语法结构，它可以使得条件判断更加紧凑和直观。通常，if 表达式用于在一个表达式中根据条件选择不同的值。

一般的 if 语句的形式如下：

```
if condition:
    value_if_true
else:
    value_if_false
```

而相应的 if 表达式的形式如下：

```
value_if_true if condition else value_if_false
```

其中，condition 是一个条件表达式，如果它为真，则返回 value_if_true，否则返回 value_if_false。

例如，下面是一个使用 if 表达式的简单示例：

```
x = 5
result = "偶数" if x % 2 == 0 else "奇数"
print(result) # 输出 奇数
```

在这个例子中，如果 x 是偶数，则 result 将是"偶数"，否则为"奇数"。

【例 4-3】 输入三边长计算三角形面积(判断边长条件)——修改例 3-1 使用海伦公式计算三角形面积程序的要求，当输入的三边长能够构成三角形时，计算面积并输出结果；否则，输出“invalid”。

【思路分析】 三角形面积的计算过程与原例题相同，新要求是在“三边长能构成三角形”这一条件成立时才进行计算面积，否则直接输出提示信息。根据数学知识，这一条件可以描述为“任意 2 个边长之和大于第 3 个边长”，输入 3 边长 a、b、c 后，可以使用如下的逻辑表达式描述：

$$a + b > c \text{ and } a + c > b \text{ and } b + c > a$$

完整代码如下：

```
import math
inp = input()
a, b, c = inp.split(',')
a, b, c = float(a), float(b), float(c)
if a + b >c and a + c >b and b + c >a:
    s = (a + b + c) /2
    area = math.sqrt(s*(s - a)*(s - b)*(s - c))
    print(f'三角形面积为{area:.3f}')
else:
    print('invalid')
```

程序运行时，输入三边长能够构成三角形的情况，例如：

```
3.5, 4.5, 5.5
三角形面积为 7.855
```

输入三边长不能构成三角形的情况，例如：

```
3.0, 4.0, 10.0
Invalid
```

【例 4-4】 加法小游戏——编程一个加法小游戏程序，每次运行时，首先随机产生并显示

2个小于100的正整数,然后要求用户输入它们的和,判断输入是否正确并给出提示。

【思路分析】 可以使用random模块来随机生成2个小于100的正整数,然后用input()函数获取用户的输入,并判断输入是否正确。

完整代码如下:

```
import random
# 生成2个小于100的随机数
num1 = random.randint(1, 99)
num2 = random.randint(1, 99)
# 计算正确答案
answer = num1 + num2
# 提示用户输入答案
user_answer = int(input(f"请计算 {num1} + {num2} = "))
# 判断答案是否正确
if user_answer == answer:
    print("回答正确!")
else:
    print(f"回答错误,正确答案为 {answer}。")
```

程序首先使用random.randint()函数随机生成2个小于100的正整数,然后计算正确的答案并提示用户输入答案。用户输入后,程序将输入转换为整数并与正确答案进行比较,然后输出相应的提示信息。

当分支条件有多个,且各条件不存在同时成立的情况时,常采用if...elif...else语句来实现,它的处理流程如图4-4所示。

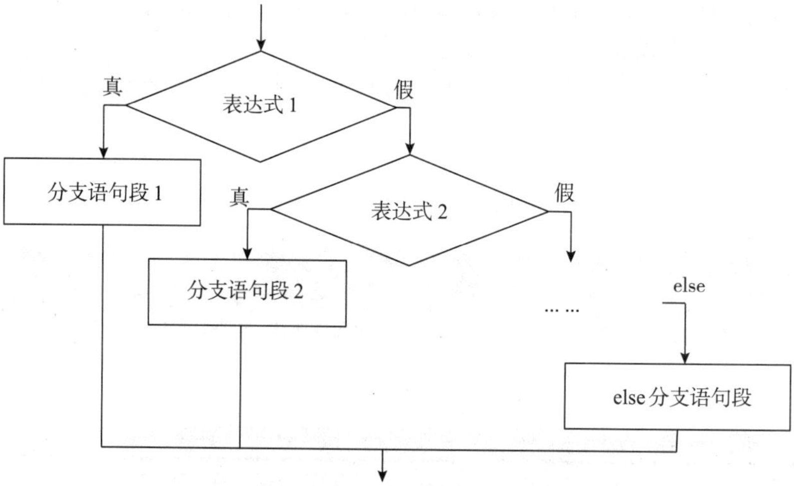

图4-4 if...elif...else语句流程图

【例 4-5】 评分等级——从键盘输入一个成绩(0～100 分),按如下规则:

分数	等级
90 分及以上	优秀
80 分及以上但未达到或超过 90 分	良好
60 分及以上但未达到或超过 80 分	中
60 分以下	差

判断并输出该成绩所属等级,如果输入的成绩不在 0～100 分的范围内则输出“成绩无效”。

【思路分析】 通过表格得知,成绩分为 4 个等级,乍一看,这是一个四选一的问题,但是考虑到“如果输入的成绩不在 0～100 分的范围内则输出‘成绩无效’”,这就成了五选一的问题。另外,对应一个成绩只可能满足其中一个类别,因而该题使用 if... elif... else 实现。

```
score = float(input())
if score<0 or score>100:
    print('成绩无效')
elif score> = 90:
    print('优秀')
elif score> = 80:
    print('良好')
elif score> = 60:
    print('中')
else:
    print('差')
```

程序运行时,输入一个优秀成绩,例如:

```
95
优秀
```

输入一个良好的成绩,例如:

```
80
良好
```

输入一个无效成绩,例如:

```
101
成绩无效
```

【例 4-6】 求解一元二次方程——给定一个一元二次方程 $ax^2 + bx + c = 0$,如果有实数根,输出结果;如果无实数根,输出“方程无实数根”。

【思路分析】 根据判别式 $b^2 - 4ac$ 的结果大于 0、等于 0 或小于 0 输出不同的结果，其中判别式大于 0 输出 2 个实根，等于 0 输出 1 个实根，小于 0 输出方程无实数根。可以采用 if... elif... else 实现。

完整代码如下：

```
import math
inp = input('输入 a b c:')
a, b, c = inp.split()
a, b, c = float(a), float(b), float(c)
delta = b**2 - 4*a*c
if delta < 0:
    print("方程无实数根")
elif delta == 0:
    x = -b / (2*a)
    print("方程有 1 个根:", x)
else:
    x1 = (-b + math.sqrt(delta))/(2*a)
    x2 = (-b - math.sqrt(delta))/(2*a)
    print("方程有 2 个根:", x1, x2)
```

求解一元二次方程

程序运行时，有 2 个实数根的情况，例如：

```
输入 a b c:1 2 -3
方程有两个根: 1.0 -3.0
```

程序运行时，有 1 个实数根的情况，例如：

```
输入 a b c:1 2 1
方程有一个根: -1.0
```

程序运行时，无实数根的情况，例如：

```
输入 a b c:1 1 1
方程无实数根
```

在这个程序中，首先使用 input() 函数从标准输入读取 a、b、c 3 个系数，并将它们转换为浮点数类型。接着，使用 delta = $b^2 - 4ac$ 计算方程的判别式 delta。

需要注意的是，这个程序并没有对输入的 a 进行检查，如果用户输入了 a = 0，程序将会出错。在实际使用中，需要加入输入检查和异常处理来保证程序的健壮性。关于异常处理将在本章后面详细讲解。

【例 4-7】 判断月份有多少天——从键盘输入代表年份和月份的 2 个整数，输出该月共有多少天。如果输入的月份不正确，输出错误提示信息。

【思路分析】 一年中 12 个月的天数不同，31 天和 30 天的月份可以各共用一组语句；2 月的天数还与闰年有关系，可以在该分支中嵌套一个 if 语句用来判断输入的年份是否为闰年。

为了判断输入的月份是否合理，可以定义一个整型变量 error，令其初始值为 0 表示没有错误，当检查到月份有错误时，把 error 设置为 1。输出时根据 error 的值决定输出的信息。

完整代码如下所示：

```
year = int(input("请输入年份:"))
month = int(input("请输入月份:"))
# 判断是否为闰年
leap_year = False
if year % 4 == 0 and year % 100! = 0 or year % 400 == 0:
    leap_year = True
# 计算每个月的天数
if month == 2:
    if leap_year:
        days = 29
    else:
        days = 28
elif month in [4, 6, 9, 11]:
    days = 30
elif month in [1, 3, 5, 7, 8, 10, 12]:
    days = 31
else:
    print("错误:月份必须在 1 - 12 之间!")
    days = None
# 输出结果
if days is not None:
    print(f"{year}年{month}月共有{days}天。")
```

判断月份有多少天

程序运行结果如下：

```
请输入年份:2024
请输入月份:2
2024 年 2 月共有 29 天。
```

首先，程序从标准输入读取年份和月份 2 个整数。然后，程序判断年份是否为闰年，如果是闰年，2 月份的天数为 29 天，否则为 28 天。接着，程序使用条件语句判断输入的月份，如果是 4、6、9 或 11 月，该月的天数为 30 天；如果是 1、3、5、7、8、10 或 12 月，该月的天数为 31 天。最后，程序输出该月的天数，或者如果输入的月份不正确，则输出错误提示信息。

需要注意的是，这个程序并没有对输入的年份和月份进行检查，如果用户输入了不合法的年份或月份，程序将会出错。在实际使用中，需要加入输入检查和异常处理来保证程序的健壮性。

4.1.2 match 语句

在处理多分支时，如果是根据一个表达式的值来选取执行的分支，且表达式的值数量不多时，则有一种更简便的方法，就是使用多分支语句 match...case。流程图如图 4-5 所示。

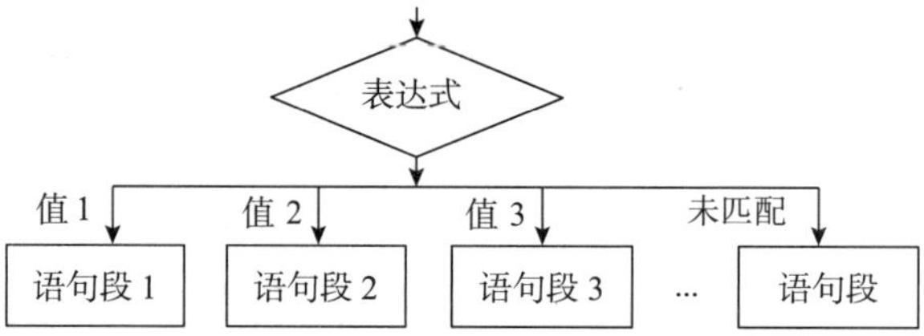

图 4-5　多分支 match...case 语句流程图

多分支的语法格式如下：

```
match 表达式：
    case 值 1：
        语句段 1
    case 值 2：
        语句段 2
    ...
    case _：
        未匹配时执行的语句段
```

流程图如图 4-5 所示。

在例 4-7 中，一年中的 12 个月的天数不同，属于多分支结构程序，而判断是哪一个月的条件是一个等于关系，因此使用 match...case 语句解决问题比较直观方便。以下是使用 match...case 语句实现例 4-7 的代码：

```
year = int(input("请输入年份："))
month = int(input("请输入月份："))
# 判断是否为闰年
leap_year = year % 4 == 0 and year % 100 ！ = 0 or year % 400 == 0
# 计算每个月的天数
match month：
    case 2 if leap_year：
        days = 29
    case 2：
        days = 28
```

```
    case 4 | 6 | 9 | 11:
        days = 30
    case 1 | 3 | 5 | 7 | 8 | 10 | 12:
        days = 31
    case _:
        print("错误:月份必须在 1-12 之间!")
        days = None
# 输出结果
if days is not None:
    print(f"{year}年{month}月共有{days}天。")
```

在这个程序中,使用了 match...case 语句来计算每个月的天数。match 关键字后面跟着需要匹配的变量或表达式,冒号后面跟着多个 case 子句,每个 case 子句后面跟着要匹配的值或模式和对应的结果。_是一个通配符,表示匹配所有其他情况。

【例 4-8】 分数等级——输入范围[0,100]的整数分数,判断并输出该分数的等级(90 及以上为 A,80 及以上未到 90 为 B,70 及以上未到 80 为 C,60 及以上未到 70 为 D,低于 60 为 E)。

【思路分析】 整数范围[0,100]有 101 个不同数值,使用 case 全部列举出来,非常冗长。通过将分数除以 10 取整,结果只有 11 种不同取值,简化了程序。

完整代码如下:

```
score = int(input("请输入分数:"))
match score//10:
    case 9 | 10:
        print("A")
    case 8:
        print("B")
    case 7:
        print("C")
    case 6:
        print("D")
    case _:
        print("E")
```

程序运行结果如下:

```
请输入分数:85
B
```

4.1.3 选择嵌套

当完成一个 if 分支判断之后,需要进一步进行 if 分支判断,则构成 if 语句的嵌套。其代码表现为在分支语句段中,再次出现 if 语句。

【例 4-9】 体测及格判定——某地小学六年级体测 50 米跑及格标准为男生 9 秒及以下及格,女生 10.2 秒及以下及格,现在由键盘输入一个学生的性别(M 表示男生,F 表示女生),以及 50 米跑成绩,要求输出及格或不及格,如果输入性别不是 M 或 F,输出"invalid"。

【思路分析】 该题需要先判断输入的性别,再要据不同性别采用不同的标准判断是否及格,应该采用 if 嵌套完现。

```
s = input()
score = float(input())
if s == 'M':
    if score< = 9 :
        print('及格')
    else:
        print('不及格')
elif s == 'F':
    if score< = 10.2 :
        print('及格')
    else:
        print('不及格')
else:
    print('invalid ')
```

程序运行时,输入一个女生及格成绩,例如:

```
F
9.5
及格
```

输入一个男生不及格成绩,例如:

```
M
9.5
不及格
```

输入一个无效信息,例如:

```
N
8
invalid
```

需要注意的是,在 Python 语言中,是通过缩进的多少来确定语句之间的逻辑层次结构,不可以随意进行代码的缩进。

4.2 循环结构

循环结构是高级语言程序设计中一种重要的、常用的控制结构，主要用于解决那些需要重复执行的操作。它是在重复性的操作中找到规律，然后按照指定的条件重复执行某个指定程序段的控制方式，也称重复结构。

程序设计解决实际问题的过程中经常会碰到许多具有规律性的重复运算处理的问题，在处理这类问题时需要把程序中的某些语句反复执行多次。下面是具有这种特征的一些例子：

· 向计算机系统输入 100 个学生的档案，重复进行 100 次输入操作。

· 为全班 30 个学生分别计算其 5 门课的平均成绩，重复进行 30 次求平均数的算术运算。

· 求 1+2+3 +…+100 的和，重复进行 100 次加法操作(注：第 1 次加法可看成是 0+1=1)。

· 检查 100 名毕业生是否具有获得学位证书的资格，重复进行 100 次判断操作。

实际编程中类似的问题还有很多，大多数应用程序中都会使用循环结构解决问题。几乎每一种高级程序设计语言都提供循环控制语句来处理重复操作，Python 语言提供 2 种循环控制语句：while 语句和 for 语句。while 循环如图 4-6 所示。

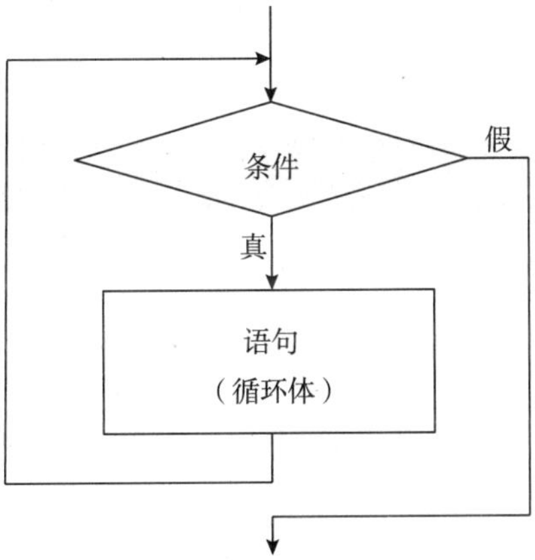

图 4-6 while 循环

4.2.1 while 语句

在 Python 语言中，while 语句用于实现循环结构，它的语法格式如下：

```
while 条件:
    循环体语句
    ...
```

其中，条件是一个表达式，表示循环的条件，只有当条件为真(即非零或非空)时，循环体中的语句才会被执行。循环体中的语句可以是一条或多条语句，用缩进来表示代码块。

while 循环的执行过程如下：

(1)判断条件是否成立,如果条件为假(即为0或空),则跳出循环,执行循环后面的语句;

(2)如果条件为真,则执行循环体中的语句;

(3)再次判断条件是否成立,如果条件为假,则跳出循环,执行循环后面的语句;

(4)如果条件为真,则再次执行循环体中的语句,直到条件为假为止。

下面是一个简单的例子。

【例4-10】 使用while循环计算从1加到100的和。

【思路分析】 由于加法运算每次只能求2个数的和,因而可以采用累加的方法计算多个数的和。定义一个累加和变量sum,初始化值为0,先加1,和再加2,和再加3……,直到将100加入和中,输出结果。

完整代码如下:

```
i = 1     # 初始化计数器
sum = 0  # 初始化和
while i <= 100:
    sum += i  # 求和
    i += 1    # 计数器加1
print("1到100的和为:", sum)
```

程序运行结果如下:

```
1到100的和为:5050
```

在这个例子中,初始化了2个变量i和sum,然后使用while循环计算从1到100的和。在循环体中,首先将当前的i加到和sum中,然后将计数变量i加1。当计数变量i的值大于100时,循环终止,输出结果。

需要注意的是,在使用while循环时,必须保证循环条件有可能变为假,否则程序将会陷入死循环。因此,应该在循环体中控制好循环条件,以保证循环能够在适当的时候终止。

计算1到n的累加和也可以使用高斯公式$\sum_{i=1}^{n} i = \frac{(n+1)\times n}{2}$快速地计算出结果,以便用于验证程序的运行结果是否正确。

4.2.2 for语句

for循环是Python中的一种循环结构,用于遍历一个可迭代对象(iterable)中的元素。在循环中,可以使用for语句来遍历可迭代对象中的每个元素,执行相应的操作。for循环如图4-7所示。在Python中,for循环的语法格式如下:

```
for 变量 in 可迭代对象:
    语句
```

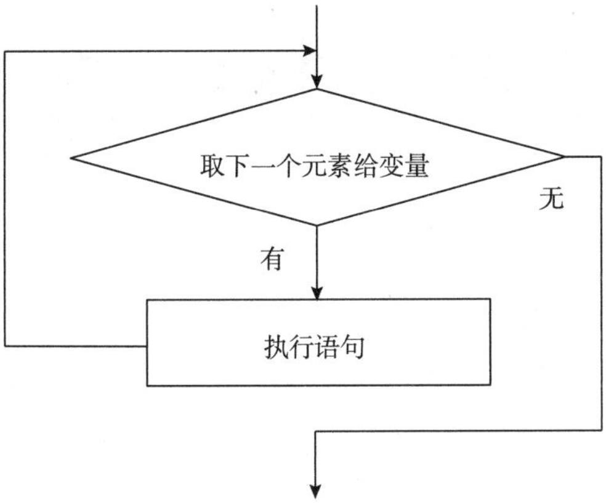

图 4-7　for 循环

其中，变量用于存储当前遍历到的元素值；可迭代对象是一个包含多个元素的数据类型，例如，列表（list）、元组（tuple）、集合（set）、字典（dict）等。在循环体中，可以使用变量来访问当前遍历到的元素值，执行相应的操作。当遍历完成后，for 循环会自动结束。

在 Python 中，for 循环经常使用 range() 函数来生成一个数字序列，然后遍历该序列中的每个元素。range() 函数的语法格式如下：

```
range(start, stop, step)
```

其中，start 是序列中的起始值，默认为 0；stop 是序列中的结束值，但不包含在序列中；step 是序列中相邻 2 个元素之间的差，默认为 1。例如，range(1, 6, 2) 生成的序列为 [1, 3, 5]。下面是一个使用 for 遍历 range() 函数生成的数字序列的示例代码：

```
for i in range(1, 4):
    print(i)
```

```
1
2
3
```

【例 4-11】 使用 for 循环计算从 1 加到 100 的和。

【思路分析】 通过 range()函数生成由 1 到 100 构成的可迭代对象，与例 4-10 相似，采用累加的方法，通过 for 语句，每次从可迭代对象中取一个数加到变量 sum 中，最后输出 sum。

完整代码如下：

```
sum = 0  # 初始化和
# 使用 for 循环遍历 1 到 100 中的每一个数
for i in range(1,101):
   sum + = i  # 求和
print("1 到 100 的和为：", sum)
```

程序运行结果如下：

```
1到100的和为：5050
```

除了上述示例代码中的用法外，for 循环还可以与 if 条件语句一起使用，以实现更加复杂的逻辑。

【例 4-12】 统计数字字符——编写程序实现输入一个字符串，统计并输出该字符串中数字字符的个数。

【思路分析】 字符串对象是一个可迭代对象，可以使用 for 循环遍历每一个字符，isdigit()函数用于判断字符是否是数字字符。通过设置一个计数变量 count，对判断是数字字符的变量进行 count=count+1，最后输出 count。

完整代码如下：

```
# 从键盘输入一个字符串
s = input("请输入一个字符串：")
# 统计数字字符的个数
count = 0
for c in s:
    if c.isdigit():
        count + = 1
# 输出结果
print(f"数字字符的个数为：{count}")
```

程序运行结果如下：

```
请输入一个字符串：abc123ABC45
数字字符的个数为：5
```

【例 4-13】 斐波那契(Fibonacci)数列——计算并输出斐波那契数列的前 40 个数，每行输出 4 个数。斐波那契数列的特点是：前 2 项的数值都是 1，从第 3 项开始，每项的数值都是前 2 个数之和。可以用如下公式描述：

$$F_n = \begin{cases} 1 & n = 1,2 \\ F_{n-1} + F_{n-2} & n > 2 \end{cases}$$

【思路分析】 根据斐波那契数列的特点，可以定义变量 f 表示数列当前需要计算的项，f_1 和 f_2 表示 f 的前 2 项，可以采用以下思路确定循环的过程：

首先令 f_1 和 f_2 的值均为 1，此时分别代表第 1 项和第 2 项，并进行输出。

循环从第 3 项开始计算，直到第 40 项结束，每次循环完成以下工作：

(1)计算数列的当前项，表达式为：$f=f_1+f_2$。

(2)输出数列当前项，如果当前项是 4 的倍数，输出换行。

(3)f_2 的值给 f_1，f 的值给 f_2。

完整代码如下：

```
f1, f2 = 1, 1
print('{:12d}'.format(1),'{:12d}'.format(1), sep='', end='')
count = 2
while count < 40:
    f = f1 + f2
    print('{:12d}'.format(f), end='')
    f1, f2 = f2, f
    count += 1
    if count % 4 == 0:
        print()
```

斐波那契数列

程序运行结果如下：

```
           1           1           2           3
           5           8          13          21
          34          55          89         144
         233         377         610         987
        1597        2584        4181        6765
       10946       17711       28657       46368
       75025      121393      196418      317811
      514229      832040     1346269     2178309
     3524578     5702887     9227465    14930352
    24157817    39088169    63245986   102334155
```

4.2.3 while 与 for 的比较

在 Python 中，while 和 for 都是用来实现循环的语句，但它们的使用场景和语法不同。

while 语句会不断地重复执行一段代码，直到不满足条件时停止。for 语句则是遍历可迭代对象的元素，并依次执行相应的代码。

虽然，使用 for 语句实现的 Python 代码可以改写为使用 while 语言来实现，反之亦然。但是采用合适的循环语句会使代码更为简单、清晰。下面通过实际例子说明。

【例 4-14】 计算圆周率——使用下面的公式计算 π 的近似值：

$$\pi/4=1-1/3+1/5-1/7+1/9-\cdots$$

直到数列项的绝对值小于 1e−6 时停止求和。

使用 while 循环实现的代码如下：

```
sum = 0.0  # 初始化求和变量
n = 1      # 初始化计数变量
f = 1
```

```
item = 1.0  # 初始化数列项
while abs(item) > = 1e - 6:
    sum + = item
    n + = 2
    f = - f
    item = f / n
print("π 的近似值为:", 4 * sum)
```

计算圆周率

程序运行结果如下：

```
π 的近似值为：3.141590653589692
```

如果改为 for 语句实现，代码如下：

```
sum = 0.0  # 初始化求和变量
f = 1
for n in range(1, 1000000, 2):
    item = f / n;
    if abs(item) <1e - 6:
        break
    sum + = item
    f = - f
print("π 的近似值为:", 4*sum)
```

运行结果相同。

在上面例子中，for 循环并没有遍历全部序列中的元素，而是使用 if 和 break 语句在满足条件的时候中断循环。在这个例子中，使用 for 语句不如使用 while 语句更易阅读。

【例 4-15】 输出不及格成绩——输入多个成绩(以空格分隔)，按顺序输出小于 60 的成绩。

使用 for 循环实现的代码如下：

```
# 输入一行多个成绩,以空格分隔
inp = input()
# 遍历每一个成绩,输出小于 60 的项
for i  in inp.split(" "):
    if(int(i)<60):
        print(i, end = " ")
```

程序运行结果如下：

```
90 40 100 75 30
40 30
```

如果改为 while 语句实现，代码如下：

```
# 输入一行多个成绩,以空格分隔
inp = input()
ss = inp.split(" ")
# 遍历每一个成绩,输出小于 60 的项
i = 0
while i<len(ss):
    if(int(ss[i])<60):
        print(ss[i], end = " ")
    i = i + 1
```

运行结果相同。

在这个例子中，使用 for 语句比使用 while 语句更易阅读。

关于 while 和 for 语句的区别总结为以下几点：

(1)作用　while 循环是一种通用的循环，可以用来重复执行一段代码；而 for 循环是一种特殊的循环，可以用来遍历一个序列中的元素。

(2)条件　while 循环的条件可以是任意表达式；而 for 循环的条件必须是一个可迭代对象。

(3)初始化　while 循环可以不需要初始化；而 for 循环需要初始化一个变量，用于控制循环的次数。

(4)执行次数　while 循环的执行次数可以是不确定的，取决于条件是否满足；而 for 循环的执行次数是固定的，取决于序列中元素的个数。

简单来说，while 和 for 语句各有自己的使用场景。如果需要一直执行某个操作，直到不满足条件时才退出循环，就适合使用 while 语句；如果需要遍历某个可迭代对象中的元素，就适合使用 for 语句。

4.2.4　改变循环的流程

通常，while 语句在判断循环条件不成立时结束循环的执行，for 语句在遍历完全部可迭代对象中的元素后结束循环的执行。但在实际程序设计中有时需要根据循环执行情况的变化而“提前”结束循环执行或跳过本次循环的剩余语句进入下一次循环。Python 语言使用 break 语句和 continue 语句解决这些问题。

(1)break 语句　当 break 语句被执行时，程序会立即跳出循环，不再执行循环内剩余的代码。这通常是因为已经满足了某些条件，循环不再需要继续执行。

下面是一个使用 break 语句的示例：

```
while True:
    inp = input("输入密码?")
    if inp == "123456":
        break
    print("密码错误,重新输入...")
```

在上面的示例中,当用户输入“123456”时,程序会执行 break 语句,结束循环。如果用户输入的不是“123456”,则程序会继续执行循环体内的代码。

在 for 循环中,也可以使用 break 来提前结束循环,例如:

```
n = int(input())
for i in range(2, n):
    if n % i == 0:
        print(i)
        break
```

在上面的示例中,当找到第一个比 1 大且能整除 n 的数,就提前结束循环。

需要注意的是,break 语句只能在循环体中使用,否则会引发 SyntaxError 异常。同时,在嵌套循环中,break 语句只会跳出最内层的循环,如果需要跳出外层循环,可以使用 break 和 else 结合的方式来实现。

【例 4-16】 判断素数——输入一个正整数判断并输出它是否为素数。

【思路分析】 素数也称为质数,其数学定义为:一个大于 1 的正整数,除了 1 和它本身外,不能被其他正整数整除。根据定义,该问题可以采用穷举法进行实现,即对于正整数,从 2 开始到而依次尝试每个数是否能够被 n 整除,如果存在这样的数,则 n 不是素数;如果不存在这样的数,则 n 是素数。

完整代码如下:

```
num = int(input("请输入一个正整数:"))
    if num <2:  # 小于 2 的数都不是素数
    print(num, "不是素数")
else:
    # 判断 2 到根号 num 之间的数是否能够整除 num
    for i in range(2, int(num**0.5) + 1):
      if num % i == 0:
        print(num, "不是素数")
        break
    else:
        print(num, "是素数")
```

判断素数

程序运行结果如下:

```
请输入一个正整数:17
17 是素数
```

首先通过 input()函数从用户那里获取一个正整数,并将其转换成整型。然后进行判断,如果这个数小于 2,则直接输出不是素数。否则,从 2 开始到根号 num 为止的所有正整数中,判断是否能够整除 num。如果找到一个能够整除的数,则输出不是素数并使用 break 语句跳出循环。如果循环结束,说明 num 不可被 2 到根号 num 之间的任意一个正整数整除,因此输出是素数。需要注意的是,Python 中的 for 循环支持 else 语句,当循环没有被 break 语句中断时,else 语句将被执行,这可以方便地判断是否是素数。

(2)continue 语句　有时并不希望终止整个循环的执行,而只是提前结束本次循环迭代,进入下一次循环迭代。这时可以使用 continue 语句。

在 for 循环中,continue 语句跳过当前循环中的剩余语句,并直接进行下一次循环。例如:

```
for i in range(10):
    if i % 2 == 0:
        continue
    print(i)
```

在这个例子中,如果 i 是偶数,则跳过当前循环中的剩余语句,即 print(i),直接进行下一次循环。

在 while 循环中,continue 语句也跳过当前循环中的剩余语句,并进行下一次循环。例如:

```
i = 0
while i <10:
    i + = 1
    if i % 2 == 0:
        continue
    print(i)
```

在这个例子中,如果 i 是偶数,则跳过当前循环中的剩余语句,即 print(i),并进行下一次循环。

需要注意的是,在使用 continue 语句时,需要注意循环内部的代码逻辑,否则可能会导致死循环或者逻辑错误。例如,在上面的 while 循环中,如果将 i + = 1 放在 print(i)语句之后,就会导致死循环。因此,在使用 continue 语句时,需要注意控制循环内部的代码逻辑。

4.2.5　循环嵌套

一个循环语句的循环体内包含另一个完整的循环语句,称为循环嵌套。循环嵌套可以有很多层,一个循环内嵌一层循环称为双层循环嵌套,简称双重循环。在循环嵌套的内层循环中再内嵌一层或多层循环语句可以形成多重循环。循环嵌套可以用于实现各种复杂的算法和程序逻辑。

【例 4-17】 九九乘法表——编写程序输出九九乘法表。

【思路分析】 九九乘法表由 9 行构成,第 1 行有 1 个乘法等式,第 2 行有 2 个乘法等式,依次类推。解决这类问题时,可以采用逐步分析的方法。分析思路如下:

首先考虑如何输出 9 行数据。可以设计如下的循环结构,该循环用于控制行的输出,每循环执行循环体一次,就输出一行。

```
for i in range(1, 10):
    输出第 i 行
```

然后考虑如果输出第 i 行。根据分析,第 i 行由 i 个乘法等式和一个换行字符组成,因此可以设计一个循环结构输出 i 个乘法等式,然后再输出一个换行。

```
for j in range(1, i+1):
    输出第 j 个乘法等式
输出一个换行字符。
```

最后将上述分析的循环结构进行嵌套,可以得到程序的整体结构,代码如下:

```
for i in range(1, 10):
    for j in range(1, i+1):
        print("%d*%d=%d" % (j, i, i*j), end='\t')
    print()
```

上述程序中,外层 for 循环控制乘法表的行数,从 1 到 9 循环,内层 for 循环控制每行的列数,从 1 到当前行数循环。在内层 for 循环中,使用 print()函数输出乘法表中的一项,并通过设置 end 参数为"\t"实现横向排列,然后使用 print()函数再输出一个换行符。

运行上述程序,输出如下所示的九九乘法表:

```
1*1=1
1*2=2   2*2=4
1*3=3   2*3=6   3*3=9
1*4=4   2*4=8   3*4=12  4*4=16
1*5=5   2*5=10  3*5=15  4*5=20  5*5=25
1*6=6   2*6=12  3*6=18  4*6=24  5*6=30  6*6=36
1*7=7   2*7=14  3*7=21  4*7=28  5*7=35  6*7=42  7*7=49
1*8=8   2*8=16  3*8=24  4*8=32  5*8=40  6*8=48  7*8=56  8*8=64
1*9=9   2*9=18  3*9=27  4*9=36  5*9=45  6*9=54  7*9=63  8*9=72  9*9=81
```

【例 4-18】 输出范围内的素数——输出 100 之内的所有素数,每行输出 10 个素数。

【思路分析】 首先使用一个 for 循环遍历 2 到 100 之间的所有整数。在每次循环中,使用一个内部的 for 循环来判断当前数是否为素数。判断方法是用 2 到 sqrt(i)之间的所有数来除以 i,如果有一个数能整除 i,就说明 i 不是素数。如果 i 是素数,就输出它,并将计数变量加 1。当计数变量除以 10 的余数为 0 时,就输出一个换行符。这样就可以保证每行输出 10 个素数。

完整代码如下:

```
count = 0  # 计数器变量,用于控制每行输出的素数个数
for i in range(2, 101):
    for j in range(2, int(i**0.5) + 1):
        if i % j == 0:
            break
    else:
        print("{:5d}".format(i), end = '')
        count += 1
        if count % 10 == 0:
            print()  # 输出换行符
```

输出范围内的素数

程序运行结果如下:

```
    2    3    5    7   11   13   17   19   23   29
   31   37   41   43   47   53   59   61   67   71
   73   79   83   89   97
```

上例中,int(i ** 0.5)中的 ** 是幂运算,相当于对 i 开平方再取整,也可以使用 math. sqrt (i)代替 i ** 0.5,但是使用了 math 库,需要在程序前面加上一行 import math,代码才不报错。代码中使用了 for... else 结构,只有在内循环没有发生 break 时,else 部分的代码才会被执行。

【例 4-19】 数字菱形——输入正整数 n,参照示例,输出 2 * n + 1 行数字菱形。

例如,$n = 2$,输出如下:

```
  2
 212
21012
 212
  2
```

【思路分析】 观察数字菱形的特点是上下对称、左右对称、中心对称,可以充分利用平面坐标系的对称性。采用双层循环,外层循环产生行编号从 -n 到 n,内层循环产生列编号,用行编号绝对值和列编号绝对值的和作为每行每列的值。对于值大于 n 的,输出空格;对于值小于等于 n 的,输出该值,即可得到需要的数字菱形。

完整的代码如下:

```
n = int(input("请输入 n:"))
for i in range(-n, n+1):
    for j in range(-n, n+1):
        if abs(i) + abs(j)>n:
            print(" ", end = "")
        else:
            print(abs(i) + abs(j), end = "")
    print()
```

数字菱形

程序运行结果如下：

```
请输入 n:3
   3
  323
 32123
3210123
 32123
  323
   3
```

4.3 异常处理结构

在 Python 程序中，异常处理是一种机制，用于处理程序运行时可能发生的错误或异常情况。异常是指程序在运行过程中遇到的一些不寻常或错误的情况，例如，除零错误、文件不存在等。异常处理允许程序员在出现异常时采取一些特定的操作，而不是让程序崩溃。

异常处理结构会提高代码的鲁棒性（也叫健壮性，表示在一些不正常的情况下程序仍有相对来说比较正常合理的表现），但是过多使用也会降低代码的可读性。因此，对于可以确保不会出现错误抛出异常的代码，不建议使用异常处理结构。

【例 4-20】 输入有效数字——要求从键盘输入一个整数，如果输入非法，则提示无效，要求重新输入，直到输入一个合法整数为止。

【思路分析】 使用 while 循环，在循环体中接受输入，并转为整数，同时使用 try... catch 捕获出现的非法操作，并作相应处理。

完整的程序如下：

```
while True:
    try:
        inp = input("请输入一个整数：")
        # 尝试将用户输入转换为整数
```

```
        number = int(inp)
        print(f"您输入的整数是：{number}")
        break  # 输入合法，跳出循环
    except ValueError:
        # 捕获到值错误，即用户输入无法转换为整数
        print("无效的输入，请输入一个整数")
        # 继续循环，重新获取用户输入
```

程序运行结果如下：

```
请输入一个整数:abc
无效的输入,请输入一个整数
请输入一个整数:123
您输入的整数是:123
```

在这个例子中，try 程序块中尝试将用户输入转换为整数。如果用户输入无法转换为整数，将引发 ValueError 异常，然后程序跳转到 except 程序块，打印错误信息，循环继续。如果输入的内容能成功转化为整数，则执行 break 退出循环。

异常处理通过自定义异常类型，还能够用于控制程序快速跳转到指定程序位置去执行。

【例 4-21】 学生组合——按顺序输入编号为 1～n 的 n 个学生的成绩，从这 n 个学生中找出 2 位学生成绩均是 90 分及以上，同时要求这 2 位学生的编号之和最小，输出这 2 位学生的编号和成绩。如果不存在 2 位学生成绩均是 90 分及以上，则输出“未找到”。

【思路分析】 使用双重循环，外层循环找到第 1 个满足成绩条件的学生，内层循环找到第 2 个满足成绩条件的学生，然后使用 raise 语句产生自定义异常，程序直接转到结果输出，从而避免层层退出多重循环。

完整代码如下：

```
class BreakLoop(Exception):
    pass
n = int(input("输入成绩个数:"))
scores = []
for i in range(n):
    scores.append(int(input("输入第" + str(i + 1) + "个成绩:")));
try:
    for i in range(n - 1):
        if scores[i]> = 90:
            for j in range(i + 1, n):
                if scores[j]> = 90:
                    raise BreakLoop # 在特定条件下抛出异常
```

学生组合

```
        print("未找到")
except BreakLoop:
        print(str(i+1)+" "+str(scores[i]))
        print(str(j+1)+" "+str(scores[j]))
```

程序运行结果如下：

```
输入成绩个数:5
输入第 1 个成绩:85
输入第 2 个成绩:96
输入第 3 个成绩:79
输入第 4 个成绩:93
输入第 5 个成绩:98
2 96
4 93
```

在Python语言中，pass命令构成空语句，它不进行任何的操作或运算，一般用作占位语句，以满足特定语句语法结构的需要。

习题

1. Python语言中除了True以外还有哪些运算数也可以被逻辑运算判定为“真”，除了False以外还有什么运算数被判定为“假”？

2. 假设a=3，b=4，c=5，写出下列各逻辑表达式的值。

(1)a+b>c and b==c

(2)a or b+c and b-c

(3)not(a>c) and not c or 1

(4)not(a+b)+c-1 and b+c/2

(5)(not(a+b))+c-1 and b+c/2

3. 根据如下数学公式，编写程序输入浮点数 x，计算并输出 y 的值，保留2位小数。

$$y=\begin{cases}x, & x<1\\ 2x-1, & 1\leqslant x<10\\ 3x-11, & x\geqslant 10\end{cases}$$

4. 编写程序，由键盘输入3个整数，输出其中最大的数。

5. 编写程序，由键盘输入一个百分制的成绩，要求输出对应的成绩等级。90分以上为A，80～89分为B，70～79分为C，60～69分为D，60分以下为E。成绩不在0～100时输出错误提示。分别使用if...elif...else语句和match...case语句编写程序。

6. 编写程序，输入1个数字字符，输出其前1个和后1个的数字字符，如果输入的是0前1个，输出“first”；输入的是9后1个，则输出“last”；输入的不是数字字符，输出“error”。

7. 编写程序，输入3个非负整数变量 hour(小时)、minute(分钟)、second(秒)代表1个24小时制的时间，输出该时间20秒以后的时间。输出时间为24小时制，数字间用冒号分隔，小时、分钟、秒均占2个数字位，不足位用0补足。

8. 编写程序，输入2个正整数 m 和 n，输出它们的最大公约数和最小公倍数，2个数以1个半角空格分隔。

9. 编写程序，输入1行以换行符结束的字符，统计并输出其中英文字母、数字、空格和其他字符的个数。

10. 编写程序，输出所有的水仙花数。所谓水仙花数是1个3位的正整数，其各位数字的立方和等于这个数本身。例如，153是水仙花数，因为 $1^3+5^3+3^3=153$。

11. 编写程序，求下面的分数序列的前20项之和。

$$\frac{2}{1},\frac{3}{2},\frac{5}{3},\frac{8}{5},\frac{13}{8},\frac{21}{13},\cdots$$

12. 一个球从100 m的高度自由落下，每次落地后弹起为原来高度的一半。计算并输出第 n 次落地时，共经过了多少米，第 n 次弹起的高度是多少。

13. 使用迭代法求 x 的平方根。求平方根的迭代公式如下，要求计算到相邻2次求出的 x 的差的绝对值小于 10^{-5} 时停止。

$$x_{n+1}=\frac{1}{2}\left(x_n+\frac{a}{x_n}\right)$$

14. 编写程序，输入整数 n，输出 $2*n-1$ 行的字符图案。例如，$n=5$ 时输出：

```
*
**
***
****
*****
****
***
**
*
```

15. 若3个正整数 a、b、c 满足 $a^2+b^2=c^2$，称这3个数为“勾股数”，例如，3、4、5是勾股数。编程输入正整数 n，输出不大于 n 的所有勾股数。

16. 输入正整数 n，参照示例，输出 $2*n+1$ 行数字三角形。

例如，$n=2$，输出如下：

```
  1
 2 2
3   3
 2 2
  1
```

第5章　函　数

【学习目标】

(1)理解函数的概念。

(2)掌握一般函数的自定义方法。

(3)理解和学会使用函数参数和返回值。

(4)理解和掌握函数变量的作用域。

(5)掌握匿名函数和高阶函数。

(6)理解递归函数。

设计规模较大的程序时,根据模块化程序设计思想,通常把程序分成若干个程序模块,每个模块负责完成一个较简单的任务。Python 语言中,函数是实现程序模块的基本单位。

前面章节中已经陆续介绍了一些 Python 语言库函数的使用方法,程序设计中通常需要程序定义自己的函数来完成一些功能。本章主要介绍用户自定义函数的定义、调用等知识。

5.1　函数的基本概念

程序设计中的"函数"是从英文"function"翻译过来的,从其意义上来说,函数带有功能的含义,也就是说程序中定义一个函数的目的是让它完成一定的功能,并且这个功能在程序中会多次被使用。通常对一个复杂问题进行程序设计时,会采用分解法把问题分解为多个相对独立的子问题,每个子问题对应程序的一个功能模块。Python 语言中,使用函数来定义这些功能模块,并通过调用对应的函数来使用这些功能。

Python 语言中的函数相较于其他编程语言中的函数有以下优点:

· 灵活性高。Python 中的函数可以有任意数量的参数,可以是必需参数、关键字参数、默认参数和可变参数,使函数在调用时具有更高的灵活性。

· 可读性强。Python 中的函数采用了缩进风格,使得代码的层次更加分明,易于阅读和理解。

· 代码复用性高。Python 中的函数可以被多次调用,从而使代码具有更高的复用性,避免了代码重复编写的问题。

· 变量作用域规则简单。Python 中的变量作用域规则相较于其他编程语言更为简单,函数内部定义的变量仅在函数内部起作用,不会对函数外部的变量产生影响。

· 支持函数式编程。Python 中的函数支持函数式编程的特性,如高阶函数、lambda 函数等,能够处理函数作为"一等公民"的问题,可以实现更加简洁、优雅的代码。

· 支持闭包。Python中的函数支持闭包，能够保存函数内部的状态，使得函数能够在调用之间保持状态，提高了函数的灵活性和可复用性。

综上所述，Python中的函数相较于其他编程语言中的函数具有更高的灵活性、可读性、代码复用性和支持函数式编程的特性，这些优点使得Python成为一种非常适合进行快速开发的编程语言。

Python标准库中包含大量的内置函数，如print()、len()、range()等。此外，Python还有大量的第三方库，如NumPy、Pandas、Matplotlib等，这些库提供了很多强大的函数和工具来帮助处理数据、进行科学计算、绘图等。用户也可以根据需要自定义函数。

5.2　函数的定义

Python语言要求程序中的函数必须遵循“先定义，后使用”的原则，在程序中使用函数时必须事先定义函数。定义函数时必须说明以下内容：

(1)函数的名称，以便程序中按照名称调用。

(2)函数的参数列表。如果函数被调用时不需要接收数据，形式参数列表可以省略。

(3)函数的功能，即函数体。在函数体内编写语句来完成函数预期的功能。

函数定义的一般形式：

```
def 函数名(参数列表):
    函数体
```

【例5-1】 函数计算阶乘——定义函数，计算阶乘N!。

```
'''
计算阶乘 N! = 1*2*3*...*N
'''
def fac(n):
    s = 1
    if n>1:
        for i in range(2, n+1):
            s = s*i
    return s;
print(fac(10))
```

程序运行结果如下：

```
3628800
```

可以添加文档字符串，用于描述函数的作用、参数和返回值等信息。文档字符串应该紧跟在函数头部，使用3个双引号或3个单引号表示。

Python是一种动态类型语言，定义函数时，无须指定参数和返回值类型，其类型在调用函数时由实参决定，而函数功能也会因为实数的类型不同而有所变化。例如，执行 max(3,5)时，函数返回数值 5；而执行 max("3","5")时，函数返回字符串"5"。

return 语句，用于结束函数并返回值，如果函数结束时不需要返回值，则在 return 之后不接返回值即可。

【例 5-2】 偶数的素数分解——编写程序，验证 6 到 98 之间的所有偶数都可以分解为 2 个素数之和。

【思路分析】 可以使用 range(6,99,2)产生所有需要遍历的数字序列。然后对每一个遍历的偶数 i 分成 j 和 i－j 2 个数(j 取值从 3 开始，到 i 的一半为止)，判断 j 和 i－j 是否同为素数，如果条件成立，则显示找到的分解式子。通过定义和调用素数判定函数，提高了代码的重用率，代码变得简洁。

完整的代码如下：

```
import math
def is_prime(num): # 判断 num 是否为素数
    if num <= 1:
        return False
    for i in range(2, int(math.sqrt(num)) + 1):
        if num % i == 0:
            return False
    return True

for i in range(6, 99, 2): # 遍历 6 至 98 之间所有偶数
    for j in range(3, i//2 + 1, 2):
        if is_prime(j) and is_prime(i - j):
            print(str(i) + " = " + str(j) + " + " + str(i - j), end = '\t')
            if i//2 % 10 == 2: print()
            break
    else:
        print("{} 不能够分解为两素数之和".format(i))
```

偶数的素数分解

程序运行结果如下：

```
6 = 3 + 3   8 = 3 + 5   10 = 3 + 7  12 = 5 + 7  14 = 3 + 11  16 = 3 + 13 18 = 5 + 13 20 = 3 + 17 22 = 3 + 19 24 = 5 + 19
26 = 3 + 23 28 = 5 + 23 30 = 7 + 23 32 = 3 + 29 34 = 3 + 31  36 = 5 + 31 38 = 7 + 31 40 = 3 + 37 42 = 5 + 37 44 = 3 + 41
46 = 3 + 43 48 = 5 + 43 50 = 3 + 47 52 = 5 + 47 54 = 7 + 47  56 = 3 + 53 58 = 5 + 53 60 = 7 + 53 62 = 3 + 59 64 = 3 + 61
66 = 5 + 61 68 = 7 + 61 70 = 3 + 67 72 = 5 + 67 74 = 3 + 71  76 = 3 + 73 78 = 5 + 73 80 = 7 + 73 82 = 3 + 79 84 = 5 + 79
86 = 3 + 83 88 = 5 + 83 90 = 7 + 83 92 = 3 + 89 94 = 5 + 89  96 = 7 + 89 98 = 19 + 79
```

该程序中，函数 is_prime 用于验证一个数是否为素数，它接收一个整数作为参数，如果该数是素数则返回 True，否则返回 False。程序先遍历 6 到 98 之间的所有偶数，然后对每个偶数找到和等于该数，且同为素数的数字组合，如果找不到，则输出提示信息(因为遍历的每

一个数都可以表示为 2 个素数之和的形式，所以程序运行时不输出该提示信息，说明验证成功）。

Python 语言中的函数允许嵌套定义。这意味着可以在一个函数中定义另一个函数，并在外部函数中调用内部函数。嵌套函数在许多情况下非常有用。例如，可以在外部函数中定义一些通用的功能，然后在内部函数中使用它们来完成特定的任务。

以下是一个简单的示例：

【例 5-3】 计算两数平方和——输入 2 个数，计算这 2 个数的平方和。

```
def outer_function(x, y):
    def inner_function(n):
        return n ** 2

    result = inner_function(x) + inner_function(y)
    return result

inp = input()
a,b = inp.split()
print(outer_function(float(a), float(b)))
```

程序运行结果如下：

```
3 4
25.0
```

在此例中，outer_function()定义了一个内部函数 inner_function()，用于计算输入参数的平方。outer_function()在内部函数中调用了 inner_function()，并将其结果相加，然后返回结果。注意，内部函数 inner_function()的定义位于 outer_function()的内部。

5.3 函数的调用

定义函数的目的是在程序中调用此函数，以达到预期的结果。所谓函数的调用是指一个函数（主调函数）暂停本函数的执行过程，转到另一个函数（被调函数）执行。

函数调用的一般形式：

```
函数名(实际参数列表)
```

（1）函数调用方式　在实际程序中，函数调用主要有 2 种方式：函数调用表达式和函数调用语句。

函数调用表达式主要用于对有返回值的函数调用，将函数调用作为一个表达式或表达式的一部分。函数调用的目的是要使用函数调用产生的返回值。例如，下面是上一节中定义的 max 方法的几种表达式调用方式：

```
big = max(10, 100)   # 作为赋值表达式的一部分
print(max(10, 100))       # 作为 print 函数的输出项
sum = max(10, 100) + 200    # 作为算术表达式的一部分
```

函数调用语句是指将函数调用构成一条单独的语句，通常用于只关心函数运行的过程，而不关心函数返回值的情况。下面是 print 函数调用语句，只关心它运行输出的结果，而忽略它的返回值。

```
print(" Welcome to Python\n")
```

(2)函数调用的执行过程　函数调用时出现在括号内的常量、变量或表达式称为实际参数，简称实参，其作用是向形参提供数据。进行函数调用时，实参与形参的个数相同，并且顺序一致。当有多个实参时，实参之间用逗号隔开。

程序运行到一个函数调用另一个函数的语句时，程序的运行流程从发生函数调用的位置离开主调函数，转移到被调函数开始运行。被调函数中运行到 return 语句或运行完最后一条语句时，程序运行流程重新回到主调函数的离开位置，继续运行主调函数后面的语句或表达式(图 5-1)。

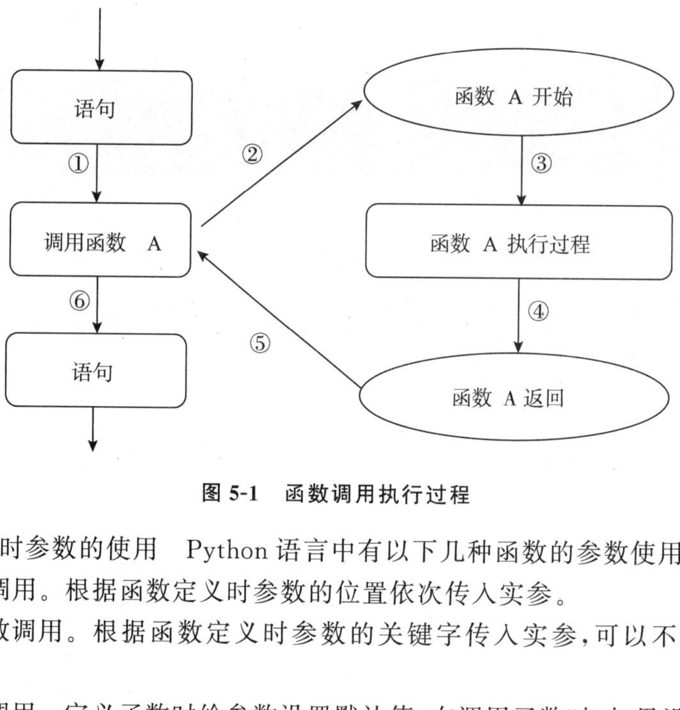

图 5-1　函数调用执行过程

(3)函数调用时参数的使用　Python 语言中有以下几种函数的参数使用形式：

· 位置参数调用。根据函数定义时参数的位置依次传入实参。

· 关键字参数调用。根据函数定义时参数的关键字传入实参，可以不按照参数定义的顺序。

· 默认参数调用。定义函数时给参数设置默认值，在调用函数时，如果没有传递该参数的值，则使用默认值。

· 不定长参数调用。包括不定长位置参数和不定长关键字参数 2 种方式。

· 不定长位置参数使用*表示，可以接收任意个位置参数，以元组形式传递给函数体内部。

· 不定长关键字参数使用 ** 表示，可以接收任意个关键字参数，以字典形式传递给函数

体内部。

下面通过一个程序例子来说明。

【例 5-4】

```
def func(pos1, pos2, kw1 = "default", * args, ** kwargs):
    print(pos1, pos2, kw1, args, kwargs)
# 位置参数调用
func(1,2,"abc",3,4)
# 关键字参数调用
func(kw1 = "abc",pos2 = 2,pos1 = 1)
# 默认参数调用
func(1,2)
# 不定长位置参数调用
func(1,2,"abc",3,4,5)
# 不定长关键字参数调用
func(1,2,kw1 = "abc",arg1 = 3,arg2 = 4)
```

程序运行结果如下:

```
1 2 abc (3, 4) {}
1 2 abc () {}
1 2 default () {}
1 2 abc (3, 4, 5) {}
1 2 abc () {'arg1': 3, 'arg2': 4}
```

【例 5-5】 估计体重——下面程序根据一些常见的因素来估计体重,如身高、年龄、性别、饮食、运动等。

```
def calculate_weight(height, age, is_male = True, ** kwargs):
    """
    根据身高、年龄、性别以及其他因素计算体重
    :param height:身高,单位为厘米
    :param age:年龄
    :param is_male:是否为男性,默认为 True
    :param kwargs:其他因素,如饮食、运动等
    :return:计算出的体重,单位为千克
    """
```

```
        base_weight = 50 if is_male else 45
        weight = base_weight + (height - 150) / 2 + (age - 20) / 10
        for factor, value in kwargs.items():
            if factor == 'diet':
                weight += value / 100
            elif factor == 'exercise':
                weight -= value / 100
        return weight
    # 使用关键字参数调用
    print(calculate_weight(height=170, age=30, is_male=False, diet=20, exer-
cise=5))
    # 使用不定长参数调用
    factors = {'diet': 20, 'exercise': 5}
    print(calculate_weight(170, 47, True, **factors))
```

程序运行结果如下：

```
56.150000000000006
62.85000000000001
```

这段程序定义了一个名为 calculate_weight 的函数，用于根据身高、年龄、性别以及其他因素计算体重。该函数接受以下参数：

height　身高，单位为厘米；

age　年龄；

is_male　是否为男性，可选，默认为 True；

**kwargs　其他因素，如饮食、运动等，使用关键字参数传入。

函数中先根据性别设定一个基准体重值，如果是男性则为 50 kg，否则为 45 kg。然后根据身高和年龄的差异，调整基准体重值，再根据传入的其他因素，对体重值进行微调，最终得到计算出的体重值。

程序中使用了 2 种参数引用方式调用该函数：

(1)使用关键字参数调用，即直接传入参数名和对应的值。

```
calculate_weight(height=170, age=30, is_male=False, diet=20, exercise=5)
```

(2)使用不定长参数调用，即将参数放入一个字典中，再使用 ** 运算符进行解包。

```
factors = {'diet': 20, 'exercise': 5}
calculate_weight(170, 47, True, **factors)
```

这样，使用该函数可以非常方便地进行体重的计算，且能够支持多种不同的因素对体重的影响进行调整。

本例中需要指出的是，在医疗领域，常用的体重计算公式有很多，比如基于 BMI 指数的计算公式等。而这个公式中，体重的计算基于身高、年龄、性别等因素，并且还考虑了饮食、运动等其他因素的影响，因此更具体化、个性化，但其科学性需要更多的研究和验证。这个公式仅作为个人参考使用。

5.4　函数参数传递

在 Python 中，函数参数传递是按对象引用传递的。如果传递的是不可变对象（如数字、字符串、元组等）的引用，在函数内部对引用对象的修改不会影响原始对象，因为不可变对象在 Python 中是无法修改的，只能重新创建新的对象。如果传递的是可变对象（如列表、字典等）的引用，在函数内部对引用对象的修改会影响原始对象。

在函数内部对不可变对象的修改不会影响原始对象，如例 5-6 所示。

【例 5-6】

```
def change(a,b,c):
    a = 100
    b = 'def'
    c = (4,5,6)

i = 10
j = 'abc'
k = (1,2,3)
change(i,j,k)
print(i, j, k)
```

程序运行结果如下：

```
10 abc (1, 2, 3)
```

在上面的程序中，函数 change() 的参数 a、b、c 都是不可变对象。在函数内部，对不可变对象进行修改时，实际上是创建了一个新的对象，并将新对象赋值给了变量。因此，对不可变对象的修改不会影响原始对象。

具体来说，在程序中，变量 i、j、k 分别被赋值为 10、'abc'、(1,2,3)。当函数 change() 被调用时，变量 i、j、k 分别被传递给了函数参数 a、b、c。在函数内部，变量 a、b、c 分别被赋值为 100、'def'、(4,5,6)。由于整数、字符串和元组都是不可变对象，因此对变量 a、b、c 的修改不会影响原始对象。因此，函数执行完后，变量 i、j、k 的值分别仍为 10、'abc'、(1,2,3)，没有发生变化。

在函数内部对可变对象的修改会影响原始对象，如例 5-7 所示。

【例 5-7】

```
def change(a,b,c):
    a[0],a[1], a[2] = 4, 5, 6
    b['a'], b['b'], b['c'] = 4, 5, 6
    c.add(4)

i = [1,2,3]
j = {'a':1, 'b':2, 'c':3}
k = {1,2,3}
change(i,j,k)
print(i,j,k)
```

程序运行结果如下：

```
[4, 5, 6] {'a': 4, 'b': 5, 'c': 6} {1, 2, 3, 4}
```

该程序定义了一个名为 change 的函数，该函数有 3 个参数：a、b 和 c。在函数内部，分别修改了参数 a、b 和 c 所引用的可变对象(一个列表、一个字典和一个集合)，然后在主程序中调用 change 函数，并输出参数 a、b 和 c 所引用的对象。

在函数内部对可变对象的修改会影响原始对象的原因是，当一个可变对象作为函数的参数传递时，实际上是将该对象的引用(或指针)传递给函数，函数内部使用该引用可以访问和修改原始对象。因此，当在函数内部对可变对象进行修改时，这些修改会直接反映在原始对象上。

在该程序中，i、j 和 k 分别是一个列表、一个字典和一个集合，都是可变对象。因此，当在 change 函数中对它们进行修改时，修改会反映在原始对象上，导致在主程序中输出时，它们的值已经被修改了。

【例 5-8】 不同单词出现的次数——输入一段文本，统计该文本中不同单词出现的次数。

【思路分析】 当需要统计一段文本中不同单词出现的次数时，可以使用一个字典来记录每个单词出现的次数。

完整代码如下：

```
'''
统计一段文本中每个单词出现的次数
param text:输入的文本字符串
param word_count:用于存储单词计数的字典
'''
def count_words(text, word_count):
    words = text.split()
    for word in words:
        # 将单词转换为小写，以便于去除大小写的差异
        word = word.lower()
        # 如果字典中已经存在该单词，则将该单词的计数加 1
```

不同单词出现的次数

```
        if word in word_count:
            word_count[word] + = 1
        # 否则将该单词添加到字典中，并设置计数为 1
        else:
            word_count[word] = 1
# 输入文本
text = input("输入文本:");
# 创建一个空字典来存储单词计数
word_count = {}
# 统计单词出现次数
count_words(text, word_count)
# 输出单词计数结果
print(word_count)
```

程序运行结果如下：

```
输入文本:This is an example sentence. This sentence is an example.
{'this': 2, 'is': 2, 'an': 2, 'example': 1, 'sentence.': 1, 'sentence': 1, 'example.': 1}
```

这个例子中，函数接收一个文本字符串和一个字典作为参数，统计文本中每个单词出现的次数并保存到字典中。由于字典是可变对象，函数在执行过程中可以修改字典的内容，从而实现计数的功能。

5.5 局部变量与全局变量

在 Python 中，变量分为 2 种：全局变量和局部变量。它们分别有不同的作用范围和生命周期。

全局变量是在函数外部定义的变量，可以在代码的任何地方被访问。全局变量在整个程序运行期间都存在，直到程序运行结束或被删除。在函数内部可以访问全局变量，但如果在函数内部修改全局变量的值，必须使用 global 关键字声明变量为全局变量，否则将会创建一个新的局部变量，不会影响到全局变量的值。

代码示例如下：

```
count = 0 # 全局变量
def increase_count():
    global count  # 声明 count 是全局变量
    count + = 1
    print(count)
```

```
>>> increase_count()
1
>>> increase_count()
2
```

局部变量是在函数内部定义的变量，只能在函数内部访问。局部变量的作用范围仅限于函数体内，当函数执行完毕后，变量的值会被销毁，不能在函数外部访问。

代码示例如下：

```
def my_func():
    x = 10  # 局部变量
    print(x)
```

```
>>> my_func()
10
>>> print(x)
NameError: name 'x' is not defined
```

全局变量和局部变量都有自己的作用范围和生命周期，开发者需要根据实际情况选择合适的变量类型，以便更好地组织代码，并且避免变量的命名冲突。

通过使用全局变量，程序的配置信息可以被多个函数共享和修改，提高了程序的灵活性和可维护性。

【例 5-9】

```
# 全局变量，保存程序配置信息
config = {
    "language": "Python",
    "version": "3.11.0",
    "editor": "VS Code"
}

def print_config():
    # 访问全局变量
    print(f"Programming language: {config['language']}")
    print(f"Version: {config['version']}")
    print(f"Editor: {config['editor']}")
def change_config():
    # 修改全局变量
    config['version'] = "3.11.1"
```

```
    config['editor'] = "PyCharm"

# 调用函数
print_config()
change_config()
print_config()
```

程序运行结果如下：

```
Programming language: Python
Version: 3.11.0
Editor: VS Code
Programming language: Python
Version: 3.11.1
Editor: PyCharm
```

在这个程序中，全局变量 config 保存了程序的配置信息，包括编程语言、版本和编辑器等。print_config() 函数用来打印配置信息，通过访问全局变量 config 来获取信息。change_config() 函数用来修改配置信息，也是通过访问全局变量 config 来实现的。

一般情况下，建议尽量避免使用全局变量，大量地使用全局变量会使得代码可读性变差。但是在某些情况下，全局变量是必要的，例如：

(1)一些设置或配置信息需要在多个函数中使用，但是它们的值在程序运行过程中不常改变。这时可以把这些设置或配置信息定义为全局变量，方便在多个函数中使用。

(2)在多个模块中需要传递某些信息。这时可以在一个模块中修改全局变量，然后在其他模块中使用。

5.6 匿名函数

在 Python 中，匿名函数也被称为 lambda 函数。它是一种特殊的函数，通常用于一次性的、简单的操作。lambda 函数的定义形式如下：

```
lambda arguments: expression
```

其中，arguments 是 lambda 函数的参数，可以是任意数量的参数，而 expression 是一个表达式，表示 lambda 函数的返回值。

以下是一个简单的 lambda 函数的例子：

```
add = lambda x,y:x+y
print(add(2, 3))  # 输出 5
```

在这个例子中，lambda x,y:x+y 定义了一个 lambda 函数，接收 2 个参数 x 和 y，并返回它们的和。

lambda 函数通常用于一些简单的操作，例如，在排序、过滤、映射等函数中作为参数使用。下面是一些 lambda 函数的应用例子：

· 排序

```
points = [(1, 2), (3, 1), (4, 5), (0, 2)]
points_sorted = sorted(points, key = lambda point: point[0])
print(points_sorted) # 输出:[(0, 2), (1, 2), (3, 1), (4, 5)]
```

· 过滤

```
numbers = [1, 2, 3, 4, 5, 6, 7, 8, 9]
even_numbers = list(filter(lambda x: x % 2 == 0, numbers))
print(even_numbers) # 输出:[2, 4, 6, 8]
```

· 映射

```
numbers = [1, 2, 3, 4, 5]
squared_numbers = list(map(lambda x: x**2, numbers))
print(squared_numbers) # 输出:[1, 4, 9, 16, 25]
```

· 组合

```
multiply_add = lambda x: (lambda y: x*y + x)
result = multiply_add(2)(3)
print(result) # 输出:8
```

匿名函数相比于常规的函数定义更为简洁，但要注意的是，由于 lambda 函数的表达式限制，它并不适用于复杂的函数体。在需要较为复杂的逻辑时，仍然建议使用常规函数。

5.7 高阶函数

在 Python 中，高阶函数是指能够接收其他函数作为参数，或者返回一个函数作为结果的函数。高阶函数提供了一种抽象的方式来操作函数，使得代码更加灵活和可复用。以下是一些 Python 中常见的高阶函数：

· map()函数

map(function,iterable)接收一个函数和一个可迭代对象，对可迭代对象的每个元素应用函数，并返回一个新的迭代器。

```
numbers = [1, 2, 3, 4]
squared = map(lambda x: x**2, numbers)
print(list(squared))  # 输出:[1, 4, 9, 16]
```

· filter()函数

filter(function,iterable)用于筛选可迭代对象中的元素,返回一个由函数返回 True 的元素组成的迭代器。

```
numbers = [1, 2, 3, 4, 5, 6]
even_numbers = filter(lambda x: x % 2 == 0, numbers)
print(list(even_numbers))  # 输出:[2, 4, 6]
```

· sorted()函数

sorted(iterable, /, * , key = None, reverse = False)排序可迭代对象中的元素,可以通过 key 参数指定排序的方式。

```
numbers = [4, 2, 8, 1, 6]
sorted_numbers = sorted(numbers)
print(sorted_numbers)  # 输出:[1, 2, 4, 6, 8]
```

· reduce()函数

functools. reduce(function,iterable[,initial])对可迭代对象中的元素累积地应用函数,从左到右进行。

```
from functools import reduce
product = reduce(lambda x, y: x + y, range(1,101)) #计算 1+2+3+... +100
print(product)  # 输出: 5050
```

· functools. partial()函数

functools. partial(function, * args, ** keywords) 用于部分应用一个函数,即创建一个新函数,固定部分参数。

```
from functools import partial
multiply = partial(lambda x, y: x*y + x, y=2)
result = multiply(4)
print(result)  # 输出:12
```

· max() 和 min()函数

max(iterable, * [,key,default]) 和 min(iterable, * [,key,default]) 用于求可迭代对象中的最大值和最小值。

```
numbers = [3, 7, 1, 9, 4]
max_value = max(numbers)
print(max_value)  # 输出:9
```

这些高阶函数在实际编程中提供了更加灵活和方便的方式来处理数据。通过结合这些函数,可以编写出简洁而功能强大的代码。

5.8 函数的嵌套调用

在 Python 语言中,函数嵌套调用指的是在一个函数内部调用另一个函数。这种嵌套调用可以是单层的,也可以是多层的,即在一个函数内部调用另一个函数,而被调用的函数中还可以继续调用其他函数。这种嵌套调用的结构类似于树形结构。

【例 5-10】

```
def square(x):
    return x ** 2
def compute_square(x):
    return square(x)

print(compute_square(5))  # 输出 25
```

在这个例子中,compute_square 函数内部嵌套了一个 square 函数,用来计算一个数的平方。

函数嵌套调用在 Python 语言中非常常见,因为它可以帮助把复杂的任务拆分成多个简单的任务,使程序的逻辑更加清晰,易于维护和扩展。

【例 5-11】 计算耕地面积——实现对若干个农田的面积计算和统计,以及计算总的耕地面积。

完整代码如下:

```
def calculate_area(land_type, length, width):
    """计算田地面积"""
    if land_type == 'rectangular':
        area = length * width
    elif land_type == 'circular':
        area = 3.14 * (length / 2) ** 2
    return area

def calculate_farm_area(farms):
    """计算农田面积"""
    total_farm_area = 0
    for farm in farms:
        farm_area = 0
        for land_type, length, width in farm:
            land_area = calculate_area(land_type, length, width)
            farm_area + = land_area
        print("该农田的面积为:", farm_area)
        total_farm_area + = farm_area
```

计算耕地面积

```
    print("所有农田的总面积为:", total_farm_area)

# 示例农田数据,三个农田,每个农田有两块土地,土地类型为矩形或圆形
farms = [
    [('rectangular',10,20),('circular',5,0)],
    [('rectangular',15,30),('rectangular',20,40)],
    [('circular',10,0),('circular',12,0)]
]

calculate_farm_area(farms)
```

程序运行结果如下:

```
该农田的面积为: 219.625
该农田的面积为: 1250
该农田的面积为: 191.54000000000002
所有农田的总面积为: 1661.165
```

在该示例程序中,calculate_area 函数用于计算单个田地的面积。calculate_farm_area 函数嵌套了 calculate_area 函数,用于计算所有农田的总面积,并打印出每个农田的面积。该程序的实用性在于可以根据具体情况修改 farms 列表中的数据,计算不同农田的总面积。

5.9　函数的递归调用

递归是一种解决问题的方法,该方法将问题分解为更小的子问题,直到问题可以进一步简化为基本情况的解决方案。递归函数是一个函数,它可以在其定义中直接或间接地调用自身。

递归函数通常具有 2 个部分:基本情况和递归情况。基本情况是指一个可以直接解决的问题;递归情况是指一个问题被分解为更小的子问题,然后通过递归调用解决子问题。

递归函数执行的过程中,每次函数调用都会创建一个新的栈帧,该栈帧包含函数的参数、局部变量和返回地址等信息。在递归调用时,每个栈帧都会保存在栈中。

递归函数的原理可以通过以下步骤来解释:

(1)调用递归函数时,程序将当前状态保存在栈帧中,并将栈帧压入栈中。

(2)递归函数检查基本情况,如果满足基本情况,则返回结果并将栈帧弹出栈。

(3)如果不满足基本情况,则将问题分解为更小的子问题,并通过递归调用解决子问题。

(4)递归调用会创建新的栈帧,并将其压入栈中,递归调用会继续执行,直到达到基本情况。

(5)在达到基本情况时,每个递归调用都会返回结果,该结果用于计算当前调用的结果,并将其返回给调用它的函数。

(6)返回结果后,当前栈帧会从栈中弹出,控制权会转移到上一个栈帧,该栈帧继续执行。

(7)递归函数在栈中的所有栈帧都弹出后,递归调用结束,程序将返回最终结果。

需要注意的是,递归函数需要考虑递归深度的问题,因为递归函数在每次递归时都会创建

新的栈帧，如果递归深度过大，可能会导致栈溢出的问题。因此，在使用递归函数时，需要注意递归深度的限制。

【例 5-12】 递归计算阶乘——使用递归函数计算给定正整数的阶乘。

【思路分析】 阶乘的定义是：$n! = n\times(n-1)\times(n-2)\times\cdots\times 1$。根据这个定义，可以使用递归函数来实现求解阶乘的过程，代码如下：

```
def factorial(n):
    if n == 0:
    return 1
else:
    return n * factorial(n-1)
n = int(input("输入 n:"))
print(factorial(n))
```

递归计算阶乘

在这段代码中，定义了一个名为 factorial 的递归函数，它的参数是一个正整数 n。函数首先判断 n 是否为 0，如果是，则返回 1，这就是递归的基本情况。如果 n 不是 0，则调用函数自身，传入参数 $n-1$，并将它的返回值乘以 n，这就是递归的调用过程。在递归调用的过程中，每次递归都会将 n 的值减少 1，直到 n 减少到 0 时，达到基本情况。

举个例子，如果调用 factorial(4)，则会进行如下的计算过程：

factorial(4)调用 factorial(3)，并将其返回值乘以 4，即返回 4 * factorial(3)；

factorial(3)调用 factorial(2)，并将其返回值乘以 3，即返回 3 * factorial(2)；

factorial(2)调用 factorial(1)，并将其返回值乘以 2，即返回 2 * factorial(1)；

factorial(1)调用 factorial(0)，并将其返回值乘以 1，即返回 1 * factorial(0)；

factorial(0)返回 1；

factorial(1)的返回值为 1 * factorial(0)，即 1；

factorial(2)的返回值为 2 * factorial(1)，即 2；

factorial(3)的返回值为 3 * factorial(2)，即 6；

factorial(4)的返回值为 4 * factorial(3)，即 24。

因此，调用 factorial(4)的结果为 24。

【例 5-13】 递归计算斐波那契数列——使用递归函数计算斐波那契数列第 N 项。斐波那契数列定义如下：

$$fib[n] = \begin{cases} 1 & \text{当 } n = 1,2 \text{ 时} \\ fib[n-1] + fib[n-2] & \text{当 } n > 2 \text{ 时} \end{cases}$$

【思路分析】 根据斐波那契数列定义得到的公式，其中包含了递归调用的关系和基本情况。当 $n>2$ 时，求解数列第 n 项的计算可以转为求解数列第 $n-1$ 项和数列第 $n-2$ 项的和，接着，计算数列第 $n-1$ 项可以转为求解数列第 $n-2$ 项和数列第 $n-3$ 项的和，这一计算过程可以重复着一直延续下去，并且需要计算的项序号越来越小。当 n 每次减 1 或减 2，必然会减成 1 或 2，则序号为 1 或 2 的数列项是已知的(均为 1)，称其为基本情况，无须再递归调用。因而，可以对照定义的公式写出递归函数 fib()。

完整的代码如下：

```
def fib(n):
    if n == 1 or n == 2:
        return 1
    return fib(n - 1) + fib(n - 2)

n = int(input("输入 N:"))
print(fib(n))
```

递归计算斐波那契数列

程序运行结果如下：

```
输入 N:8
21
```

上述代码中，如果 n 等于 1 或 2，则直接返回 1；否则，递归调用 fib($n-1$)和 fib($n-2$)，然后将它们的和作为函数的返回值。

进一步分析，在递归实现斐波那契数列的过程中，存在严重的效率问题。原因是每次递归调用都会产生大量的重复计算，导致程序运行时间呈指数级增长，对于大的 n 值，程序可能会运行速度非常慢甚至无法运行。

例如，当计算第 30 项斐波那契数列时，递归调用了 2692537 次，大部分时间都在重复计算相同的值，导致程序运行速度非常慢。

为了解决这个问题，可以采用记忆化搜索的方法，即在计算某一项斐波那契数列时，先判断是否已经计算过该项，如果已经计算过，则直接返回结果；如果没有计算过，则进行递归计算并将结果保存下来，下次计算该项时直接使用已经保存的结果。

以下是使用记忆化搜索实现斐波那契数列的代码：

```
def fib(n, memo = {}):
    if n == 1 or n == 2:
        return 1
    if n in memo:
        return memo[n]
    else:
        memo[n] = fib(n - 1, memo) + fib(n - 2, memo)
        return memo[n]
n = int(input("输入 N:"))
print(fib(n))
```

在该函数中，使用一个字典 memo 来保存已经计算过的斐波那契数列的值，避免重复计算。在每次递归调用时，先检查该项是否已经计算过，如果已经计算过，则直接返回保存的结果；如果没有计算过，则进行递归计算，并将结果保存在 memo 字典中。

使用上述代码计算第 30 项斐波那契数列，只需要进行 30 次递归调用，计算速度大大加快。

使用上述代码计算 fibonacci(500)并显示时，得到如下结果：

```
1394232245616978801397243828704072839500702565876973072641089629483255716228632
906915576588762225212941 25
```

但当计算 fibonacci(1000)时，系统提示错误：

```
RecursionError: maximum recursion depth exceeded while calling a Python object
```

这是因为递归深度超过一定值时，会抛出 RecursionError 异常。

在 Python 中，可以使用 sys 模块中的 setrecursionlimit()函数来增加 Python 解释器的默认栈大小。默认情况下，Python 解释器的栈大小为 1000，当递归深度超过该值时，会抛出异常。

使用 setrecursionlimit()函数可以将 Python 解释器的栈大小设置为更大的值，但是需要注意的是，设置的值应该是根据实际情况合理确定的。对于上面程序遇到的问题，可以如下处理：

```
import sys
# 将 Python 解释器的默认栈大小设置为 3000
sys.setrecursionlimit(3000)
def fibonacci(n, memo = {}):
    if n == 0 or n == 1:
        return n
    if n in memo:
        return memo[n]
    else:
        memo[n] = fibonacci(n - 1, memo) + fibonacci(n - 2, memo)
        return memo[n]
```

在上面的代码中，将 Python 解释器的默认栈大小设置为 3000，执行 print(fibonacci(1000))时，运行结果如下：

```
434665576869374564356885276750406258025646605173717804024817290895365554179490
518904038798400792551692959225930803226347752096896232398733224711616429964409
06533187938298969649928516003704476137795166849228875
```

【例 5-14】 汉诺塔(hanoi)问题——给出 A、B、C 3 个位置，初始时位置 A 处叠放着大小互不相等的 n 个盘子，放在下面的盘子比上面的大。现要求把这 n 个盘子从位置 A 移动到位置 C，每次移动只能把 1 个盘子从 3 个位置中的 1 个移动到另 1 个，但任何时候，3 个位置上的盘子都必须保持大盘在下、小盘在上的状态。

【思路分析】 这是一个古典数学问题，也是一个典型的递归求解的问题。思路是把 n 个盘子的移动问题转化为 2 次移动 $n-1$ 个盘子的子问题，即先将最上面的 $n-1$ 个盘子从 A 移到 B，再将最下面的 1 个盘子从 A 移到 C，最后将 B 处的 $n-1$ 个盘子移到 C。而移动 $n-1$ 个盘子的子问题又可以继续分解为 2 次移动 $n-2$ 个盘子的更简单的子问题，以此类推。

完整代码如下：

```
def hanoi(n, s, m, d):
    if n == 1:
        print(s, '-->', d)
    else:
        hanoi(n-1, s, d, m) # 将前 n-1 个盘子从 s 移动到 m 上
        print(s, '-->', d) # 将最后一个盘子从 s 移动到 d 上
        hanoi(n-1, m, s, d) # 将 m 上的 n-1 个盘子移动到 d 上
n = int(input('请输入汉诺塔的层数:'))
hanoi(n, 'A', 'B', 'C')
```

汉诺塔问题

程序运行结果如下：

```
请输入汉诺塔的层数:3
A -->C
A -->B
C -->B
A -->C
B -->A
B -->C
A -->C
```

上面的程序中，hanoi 函数用于递归解决汉诺塔问题。当 n 等于 1 时，表示只有一个盘子，直接将其从 s 移动到 d 即可。当 n 大于 1 时，可以把 n 个盘子分成 2 部分：最后一个盘子和前面的 $n-1$ 个盘子。先将前面的 $n-1$ 个盘子从 s 移动到 m（可以使用 d 作为过渡的存放地），然后将最后一个盘子从 s 移动到 d，最后将先前移动 m 上的 $n-1$ 个盘子移动到 d（可以使用 s 作为过渡的存放地）。

可以看到使用函数递归解决 hanoi 问题的代码非常简洁，当然本程序并没有真正去移动盘子，仅仅是给出了移动盘子的解决方案。但是递归函数的运行过程就不像它的代码看起来那么简洁了。

通过分析可以知道，对于 n 个盘子，最终完成任务需要移动盘子 2^n-1 次。例题中使用了 3 个盘子，共移动 7 次。如果使用 64 个盘子，则移动次数为 $2^{64}-1$ 次。如果用人移动，假设 1 秒移动一个盘子，那么需要大概 6×10^{11} 年。假设用每秒运行 100 万次的计算机来模拟移动，那也需要大概 6×10^5 年。

5.10 自顶向下编程

Python 自顶向下编程方式是一种编写程序的方法，它强调程序设计的结构和层次，并着重于模块化和可维护性。这种编程方式通常是从程序的高层次结构开始，逐步细化为更具体的模块和函数，以及更细致的实现细节。

在 Python 中，自顶向下的编程方式可以通过以下步骤来实现：

(1)定义程序的目标和功能　明确程序的功能和目标，定义程序的输入和输出。

(2)设计程序的整体结构　将程序分解成模块和函数，确定它们之间的关系和依赖性，并将它们组合成一个整体结构。

(3)编写高层次的代码　编写整个程序的框架和主要的控制流程，包括主函数和主要的算法流程。

(4)编写子函数和模块　根据程序的整体结构，逐步细化代码，将更具体的功能封装为子函数和模块，并实现它们的具体实现细节。

(5)测试和调试程序　测试程序的各个部分，并确保它们能够正确地工作和协同工作。如果有错误或问题，通过调试程序进行修复。

自顶向下的编程方式可以使程序更易于理解和维护，因为它可将程序分解为更小的部分，使每个部分都更加清晰和明确。此外，它还鼓励重用代码，因为它可将功能封装为模块和函数。

【例 5-15】 计算复合利息——输入投资的本金、利率、计息周期和投资时间，计算和输出投资到期后可以获得的利息。

【思路分析】 首先需要确定输入的基本信息，即本金、利率、计息周期和投资时间。根据基本信息计算出复利周期，即每年计息多少次。定义一个函数用于计算单利，以及一个函数用于计算复利。在复利计算函数中嵌套单利计算函数，用于计算每个复利周期内的单利。最后输出计算结果，包括本金、利率、计息周期、投资时间、复利周期、复利计算结果。

完整的代码如下：

计算复合利息

```
'''
计算单个计息周期利息函数
'''
def calculate_simple_interest(principal, rate, time):
    return principal * rate * time
'''
计算复合利息函数
'''
def calculate_compound_interest(principal, rate, time, period):
    total = principal
    for i in range(period * time):
        simple_interest = calculate_simple_interest(total, rate, 1 /period)
```

```
        total + = simple_interest
    return total - principal

# 确定输入的基本信息
principal = float(input("请输入本金:"))
rate = float(input("请输入年利率(百分之):"))/100
time = int(input("请输入投资时间(年):"))
period = int(input("请输入计息周期(每年计息几次):"))

# 计算复利
if period ! = 1 and period ! = 2 and period ! = 4 and period ! = 12:
    print("不支持的计息周期!")
else:
    compound_interest = calculate_compound_interest(principal, rate, time,
period)
    # 输出计算结果
    print("本金:{:.2f},利率:{:.2%},投资时间:{:.2f}年,计息周期:{}次/年,复
利周期:{}年".format(
        principal, rate, time, period, 1/period))
    print("复利计算结果:{:.2f}".format(compound_interest))
```

程序运行结果如下:

```
请输入本金:10000
请输入年利率(百分之):1.9
请输入投资时间(年):5
请输入计息周期(每年计息几次):1
本金:10000.00,利率:1.90%,投资时间:5.00年,计息周期:1次/年,复利周期:1.0年
复利计算结果:986.79
```

在这个示例中,使用了3层结构,包括确定输入的基本信息和输出计算结果、计算复利、计算单个计息周期利息。这个程序结构清晰,便于维护和修改,并且每一层都有其独立的作用,使程序的逻辑更加清晰。

习 题

1. 编写一个函数,将一个大写字母转换为对应的小写字母。
2. 编写一个函数,计算一个整数的所有数字之和。
3. 编写一个函数,挑选一个字符串中的所有元音字母构成并返回一个新的字符串。
4. 编写一个函数,统计一个字符串中字母、数字和空格的个数。使用全局变量存放字母和数字个数,函数返回值是空格个数。
5. 使用函数递归调用实现将一个正整数输出其二进制形式,例如,输入10,输出1010。

6. 输入 10 个学生 5 门课的考试成绩，分别用函数实现以下功能：

(1)计算一个学生的平均分；

(2)计算每门课程的平均分；

(3)找出每门课程的最高分。

第 6 章　结构化数据类型

【学习目标】

(1)掌握列表、元组、字符串、集合、字典的使用。

(2)理解和掌握迭代器和生成器的使用。

结构化数据类型是一种数据结构,用于存储和组织相关数据,可以更加高效、灵活地访问和操作数据,提高代码的可读性和可维护性。它可以将不同类型的数据封装在一个数据对象中,并提供一组操作这些数据的函数或方法,从而实现对数据的处理和管理。结构化数据类型包括列表、元组、集合、字典等,其中列表、字符串和元组也称为序列类型,可以根据实际需求选择合适的数据结构来实现算法和程序设计。

6.1 列表

列表(list)是由一系列有序的元素组成,每个元素可以是任意类型。列表中的元素可以通过索引访问,并且支持切片、添加、删除、修改等多种操作。列表是 Python 中最常用的数据类型之一,广泛应用于各种场景中。

【例 6-1】 学生成绩统计——假设有一个数据集,包含了一些学生的成绩。想要计算这些成绩的平均值、中位数、众数、方差和标准差。可以使用列表来存储这些成绩,并使用 Python 的一些内置函数来计算这些统计量。

平均值是指一组数据的所有数值之和除以数据的总个数。它是衡量数据集中趋势的一种常用方法。平均值可以帮助了解一组数据的集中程度和总体趋势,同时也可以用于数据的比较和分析。在一些实际应用中,如经济学、工程学、物理学等领域中,平均值被广泛用于预测、模拟和决策等方面。需要注意的是,平均值可能受到极端值或异常值的影响,因此在使用平均值时需要考虑数据的分布和异常值的处理方法。

中位数是一组数据中居于中间位置的数值,也就是将数据从小到大排序后,位于中间的数。如果数据集有偶数个元素,中位数则为中间 2 个数的平均值。中位数的主要作用是描述一组数据的集中趋势。

众数是指在一组数据中出现次数最多的数值,即频数最大的数。例如,在数列{1, 2, 3, 3, 4, 4, 4, 5, 5}中,4 是众数,因为它在数列中出现的次数最多,为 3 次。众数可以作为一组数据的代表性指标,它可以帮助人们快速了解一组数据的特征。

方差是统计学中用于描述数据变异程度的一个指标,表示一组数据分散程度的大小。方差的计算方法是将每个数据点与整个数据集的平均值之差的平方相加,然后除以数据点的总数。

方差的计算公式为：

$$\sigma^2 = \frac{\sum_{i=1}^{n}(x_i - \bar{x})^2}{n}$$

其中，n 表示数据点的总数，x_i 表示第 i 个数据点的取值，$\bar{x}$ 表示数据点的平均值。

方差的大小反映了数据集中的离散程度，即数据点的取值与平均值之间的偏离程度。如果方差很大，说明数据集中的数据点相对平均值而言变化范围很大；反之则说明数据点变化范围相对较小。

标准差是指一组数据平均值与每个数据之间的离散程度，是方差的平方根。标准差越大，表示数据越分散；反之，数据越集中。在统计学中，标准差可以用来衡量一组数据的离散程度或者差异性。

标准差公式为：

$$\sigma = \sqrt{\frac{\sum_{i=1}^{n}(x_i - \bar{x})^2}{n}}$$

标准差与方差的区别是，方差的单位是数据的平方，而标准差的单位与原始数据相同。标准差也更易于理解，因为它与数据的单位相同，可以用来表示数据的离散程度和数据点之间的平均距离。

完整代码如下：

```
n = int(input("请输入要输入的数据个数："))
scores = []
for i in range(n):
    num = int(input("请输入第 %d 个数据：" % (i+1)))
    scores.append(num)
# 计算平均值
average = sum(scores) / len(scores)
# 计算中位数
sorted_scores = sorted(scores)
if len(sorted_scores) % 2 == 0:
    median = (sorted_scores[len(sorted_scores)//2 - 1] + sorted_scores[len(sorted_scores)//2])/2
else:
    median = sorted_scores[len(sorted_scores)//2]
# 计算众数
mode = max(set(scores), key=scores.count)
```

学生成绩统计

```
# 计算方差和标准差
variance = sum([(score - average) ** 2 for score in scores]) / len(scores)
standard_deviation = variance ** 0.5
print("平均值:", average)
print("中位数:", median)
print("众数:", mode)
print("方差:", variance)
print("标准差:", standard_deviation)
```

程序运行结果如下：

```
请输入要输入的数据个数:5
请输入第 1 个数据:98
请输入第 2 个数据:76
请输入第 3 个数据:87
请输入第 4 个数据:34
请输入第 5 个数据:65
平均值: 72.0
中位数: 76
众数: 65
方差: 482.0
标准差: 21.95449840010015
```

在这个例子中，使用列表来存储数据集，并使用 Python 的内置函数来计算平均值、中位数、众数、方差和标准差。在计算中位数时，使用了 Python 的列表排序函数和条件语句。在计算众数时，使用了 Python 的集合和 max 函数。在计算方差和标准差时，使用了 Python 的列表推导式和求和函数。

列表推导式是一种更简洁的创建列表的方法。其语法形式为在方括号内使用 for 循环、if 条件等进行迭代操作并生成元素，最后返回一个包含所有符合条件的元素的新列表，例如：

```
p = [i ** 0.5 for i in range(1,6)]
```

上述代码生成 1～5 的平方根构成的 5 个元素的列表 p。

又例如：

```
q = [i for i in range(101) if i % 13 == 0]
```

上述代码生成 0～100 所有被 13 整除的数构成的列表 q。

【例 6-2】 杨辉三角——杨辉三角是二项式系数在三角形中的一种几何排列，在中国南宋数学家杨辉于 1261 年所著的《详解九章算法》一书中出现。5 行的杨辉三角如图 6-1 所示：

```
1
1 1
1 2 1
1 3 3 1
1 4 6 4 1
```

图 6-1　5 行的杨辉三角

数字三角的第 1 列全是 1，斜边全是 1，三角中间的数字是它上一行同一列数字和前一列数之和得到。要求编程输入正整数 n，输出 n 行杨辉三角。

【思路分析】 假设杨辉三角的某一行的数字保存在列表 a 中，则通过列表推导式[a[i-1]+a[i] for i in range(1,len(a))]可以得到下一行数字三角中间的数字，头尾再各加一个“1”元素，则得到完整的下一行。

完整代码如下：

```
n = int(input('输入一个正整数:'))
a = [1]
print(a)
for i in range(n-1):
    a = [1] + [a[i-1] + a[i] for i in range(1,len(a))] + [1]
    print(a)
```

杨辉三角

程序运行结果如下：

```
输入一个正整数:6
[1]
[1, 1]
[1, 2, 1]
[1, 3, 3, 1]
[1, 4, 6, 4, 1]
[1, 5, 10, 10, 5, 1]
```

【例 6-3】 冒泡排序——从键盘输入 n 个整数，采用冒泡排序法将这 n 个整数由小到大排序。

【思路分析】 冒泡排序是一种比较简单的排序算法，对 n 个数进行升序排序，需要进行 $n-1$ 趟比较和交换，排序的基本过程如下：

第 1 趟需要进行 $n-1$ 次比较，依次对第 1 和第 2 个、第 2 和第 3 个、…、第 $n-1$ 和第 n 个比较，如果有不满足从小到大的就交换，第 1 趟完成后最大的数放到末尾；

第 2 趟需要进行 $n-2$ 次比较，依次对第 1 和第 2 个、第 2 和第 3 个、…、第 $n-2$ 和第 $n-1$ 个比较，如果有不满足从小到大的就交换，第 2 趟完成后第 2 大的数放到倒数第 2 位；

依次类推，第 $n-1$ 趟就只需比较第 1 和第 2 个数 1 次。

图 6-2 是以 5 个数{9,4,6,3,1}进行升序排序为例说明冒泡排序的过程。

通过以上分析可以知道，冒泡排序程序需要使用 2 层循环嵌套。其中，外层循环用来控制排序的趟数,每循环一次完成一趟操作;内层循环用来完成每一趟操作中相邻 2 个数的比较来决定是否需要交互数据。

第 1 趟:

第 1 次判断:9 4 6 3 1 交换
第 2 次判断:4 9 6 3 1 交换
第 3 次判断:4 6 9 3 1 交换
第 4 次判断:4 6 3 9 1 交换
第 1 趟结果:4 6 3 1 9

第 2 趟:

第 1 次判断:4 6 3 1 9 不交换
第 2 次判断:4 6 3 1 9 交换
第 3 次判断:4 3 6 1 9 交换
第 2 趟结果:4 3 1 6 9

第 3 趟:

第 1 次判断:4 3 1 6 9 交换
第 2 次判断:3 4 1 6 9 交换
第 3 趟结果:3 1 4 6 9

第 4 趟:

第 1 次判断:3 1 4 6 9 交换
第 4 趟结果:1 3 4 6 9

图 6-2 冒泡排序的过程举例

完整代码如下:

```
n = int(input("请输入要排序的整数个数:"))
nums = []
for i in range(n):
    num = int(input("请输入第{}个整数:".format(i+1)))
    nums.append(num)
for i in range(n):
    for j in range(n-i-1):
        if nums[j] > nums[j+1]:
            nums[j], nums[j+1] = nums[j+1], nums[j]
print("排序后的结果为:")
for num in nums:
    print(num, end='')
```

冒泡排序

程序运行结果如下:

```
请输入要排序的整数个数:5
请输入第 1 个整数:9
请输入第 2 个整数:4
请输入第 3 个整数:6
请输入第 4 个整数:3
请输入第 5 个整数:1
排序后的结果为:
1 3 4 6 9
```

首先输入要排序的整数个数 n，然后用一个循环输入 n 个整数，并将它们添加到一个列表中。接下来用嵌套的循环对列表中的元素进行冒泡排序。外层循环控制总共进行的轮数，内层循环控制每轮中相邻元素的比较和交换。如果相邻元素的顺序不对，则交换它们的位置。最后输出排序后的结果。

逆序数指的是一个序列中，逆序对的个数，其中逆序对是指序列中的 2 个元素在数组中的相对位置与在序列中的顺序相反。例如，在序列[2, 4, 1, 3, 5]中，逆序对的个数为 3，分别为(2, 1) (4, 1) (4, 3)。

冒泡排序是通过不断比较相邻元素并交换来排序的方法，因此在交换过程中可以统计逆序对的个数。具体实现方法是，对于数组中的每一对相邻元素，如果它们的顺序是相反的，则交换它们，并将逆序对的计数器加 1。最终，当数组被完全排序后，逆序对的计数器将包含整个数组中的逆序对数。

以下是一个用冒泡排序法计算逆序数的 Python 程序示例：

```
n = int(input("请输入要排序的整数个数:"))
nums = []
inversion = 0
for i in range(n):
    num = int(input("请输入第{}个整数:".format(i+1)))
    nums.append(num)

for i in range(n):
    for j in range(n-i-1):
        if nums[j] < nums[j+1]:
            nums[j], nums[j+1] = nums[j+1], nums[j]
            inversion = inversion + 1

print("排序后的结果为:")
for num in nums:
    print(num)
print("原数列的逆序数为:" + str(inversion))
```

进一步观察可以发现，如果在一轮从左到右比较过程中，没有发现新的逆序对则说明整个数列已经排好序了，这时可以提前结束排序过程，改进的代码如下：

```
n = int(input("请输入要排序的整数个数:"))
nums = []
inversion = 0
for i in range(n):
    num = int(input("请输入第{}个整数:".format(i+1)))
    nums.append(num)

for i in range(n):
```

```
        old_inversion = inversion
        for j in range(n - i - 1):
            if nums[j] >nums[j + 1]:
                nums[j], nums[j + 1] = nums[j + 1], nums[j]
                inversion = inversion + 1
        if(old_inversion == inversion):
            break
    print("排序后的结果为:")
    for num in nums:
        print(num, end = '')
    print("原数列的逆序数为:" + str(inversion))
```

通过上述几个例子,主要是让读者了解冒泡排序的基本操作,熟悉列表元素交换的方法。在实际应用中,需要排序时可以直接使用 Python 提供的排序函数对列表元素排序,不仅方便而且执行速度更快。例如,从键盘输入 n 个整数,将这 n 个整数由小到大排序,代码如下:

```
n = int(input("请输入要排序的整数个数:"))
nums = []
for i in range(n):
    num = int(input("请输入第{}个整数:".format(i + 1)))
    nums.append(num)
nums.sort(reverse = False)
print("排序后的结果为:")
for num in nums:
    print(num, end = '')
```

6.2 元组

在 Python 中,元组 (tuple) 是一种不可变的序列类型。元组和列表类似,都可以存储多个元素,但元组中的元素不能被修改。元组是通过圆括号 () 创建的,每个元素之间用逗号隔开。

元组与列表的根本区别是元组是不可变的,一旦创建后其元素就不能被修改,而列表是可变的,可以对其进行增、删、查、改等操作。由于元组的不可变性,其在一些场景中比列表更加适用,例如,作为字典的键值、函数的参数等。

【例 6-4】 学生成绩排序——有一个列表 scores,其中存储了若干个学生的语文、数学、英语成绩。请编写一个函数 top_n(scores, n),可以根据指定的成绩排序规则(如总成绩、语文成绩、数学成绩、英语成绩),返回前 n 名的学生及其成绩。

【思路分析】 参数 scores 是一个元素为元组的列表,每个元组中有 3 个元素,分别是学生的语文、数学、英语成绩。参数 n 指定要返回前 n 名的学生及其成绩，n 为正整数。函数返回一个列表，包含前 n 名学生的成绩，每个元素也是一个元组，包含学生姓名和成绩。成绩按照指定的排序规则排序。

完整代码如下：

```
"""
返回成绩前n名的学生记录
scores：学生记录的列表，每个元素为一个包含姓名、数学成绩、语文成绩、英语成绩的字典
n：返回前n名学生的记录
sort_by：排序依据，默认为总成绩total_score，可以选择math_score、chinese_score、english_score进行排序
"""
def top_n(scores, n, sort_by = "total_score"):
    scores_with_total_score = []
    for record in scores:
        total_score = record[1] + record[2] + record[3]
        scores_with_total_score.append((record[0], total_score, record[1], record[2], record[3]))

    if sort_by == "math_score":
        scores_with_total_score.sort(key = lambda x: x[2], reverse = True)
    elif sort_by == "chinese_score":
        scores_with_total_score.sort(key = lambda x: x[3], reverse = True)
    elif sort_by == "english_score":
        scores_with_total_score.sort(key = lambda x: x[4], reverse = True)
    else:
        scores_with_total_score.sort(key = lambda x: x[1], reverse = True)

    return scores_with_total_score[:n]

scores = [("小明", 85, 92, 78), ("小红", 88, 78, 92), ("小张", 90, 87, 89), ("小李", 79, 88, 85), ("小王", 88, 87, 89)]

result = top_n(scores, 3, sort_by = "total_score")
print('按总分排序，返回前3名学生及其成绩:', result)
# 输出:[("小张", 266), ("小红", 258), ("小王", 264)]

# 按语文分数排序，返回前2名学生及其成绩
result = top_n(scores, 2, sort_by = "chinese_score")
print('按语文分数排序，返回前2名学生及其成绩:', result)
# 输出:[("小张", 90), ("小红", 88)]
```

程序运行结果如下：

```
按总分排序,返回前3名学生及其成绩：[('小张', 266, 90, 87, 89), ('小王', 264, 88, 87, 89), ('小红', 258, 88, 78, 92)]
按语文分数排序,返回前2名学生及其成绩：[('小明', 255, 85, 92, 78), ('小李', 252, 79, 88, 85)]
```

这段代码定义了一个名为 top_n 的函数，用于获取给定成绩列表中前 n 名的学生记录。该函数接收 3 个参数：scores、n 和 sort_by。其中，scores 是一个列表，包含每个学生的记录，每个记录是一个包含姓名、数学成绩、语文成绩和英语成绩的列表；n 是一个整数，表示需要获取前 n 名学生的记录；sort_by 是一个字符串，用于指定排序依据，默认为总成绩 total_score，可以选择数学成绩 math_score、语文成绩 chinese_score 或英语成绩 english_score 进行排序。

首先，该函数会将每个学生的总成绩计算出来，并将姓名、总成绩、数学成绩、语文成绩和英语成绩按照元组的形式添加到一个新的列表 scores_with_total_score 中。

接着，根据 sort_by 参数指定的排序依据对 scores_with_total_score 进行排序。如果 sort_by 为 "math_score"，则按照数学成绩进行降序排序；如果为 "chinese_score"，则按照语文成绩进行降序排序；如果为 "english_score"，则按照英语成绩进行降序排序；否则，按照总成绩进行降序排序。

最后，返回排序后的列表 scores_with_total_score 中前 n 个元素，即前 n 名学生的记录。

6.3 字符串

在 Python 中，字符串是一个不可变的序列类型。可以使用单引号或双引号来创建一个字符串，Python 还支持三重引号（triple quotes），可以用于创建多行字符串。字符串支持许多常见的操作，例如，字符串的连接、截取、查找和替换等。

【例 6-5】 判断回文串——编写一个程序输入一个字符串，判断是否构成回文串。

【思路分析】 可以通过将字符串反转后与原字符串比较，若相同则说明构成回文串。

完整代码如下：

```
def is_palindrome(s):
    # 比较原字符串和反转后的字符串是否相同
    if s == s[::-1]:
        return True
    else:
        return False
# 输入和判断
s = input("请输入一个字符串:")
if is_palindrome(s):
    print(f"{ s } 是回文串")
```

判断回文串

```
    else:
        print(f"{ s } 不是回文串")
```

程序运行结果如下:

```
请输入一个字符串:level
level 是回文串
```

【例 6-6】 单词数——编程实现输入一段英文,英文单词之间以空格和标点符号分隔,统计这段英文中有多少个单词。

【思路分析】 可以使用 Python 的内置字符串方法 split()实现拆分单词,但是在拆分单词之前,需要将所有的标点符号统一替换为空格,以便于拆分。

完整代码如下:

```
import string
sentence = input("请输入一段话:")
# 将字符串中的标点符号替换为空格
for punc in string.punctuation:
    sentence = sentence.replace(punc, " ")
# 分割字符串,得到单词列表
words = sentence.split()
print("这段话中有{}个单词".format(len(words)))
```

单词数

上述代码引用了 string 模块,Python 标准库中的 string 模块提供了一系列有用的字符串相关操作的常量和函数。

其中包含以下常量:

string.ascii_letters 所有的 ASCII 字母,即包含大小写的 52 个字母。

string.ascii_lowercase 所有的小写 ASCII 字母,即 26 个字母。

string.ascii_uppercase 所有的大写 ASCII 字母,即 26 个字母。

string.digits 所有的数字字符,即 '0123456789'。

string.hexdigits 所有的十六进制数字字符,即'0123456789abcdefABCDEF'。

string.octdigits 所有的八进制数字字符,即'01234567'。

string.punctuation 所有的 ASCII 标点字符,如!"#$%&'()*+,-./:;<=>?@[\]^_`{|}~。

同时,string 模块也提供了一些函数,如 string.capwords()用于将字符串中的所有单词的首字母大写。

除了 string 模块外,Python 的字符串对象本身也提供了许多有用的方法和操作,如字符串格式化、拼接、替换、查找、分割、连接等。

掌握了 string 模块,将对设计字符串处理的应用带来极大的便利。

另外一种方法,可以使用正则表达式方法实现拆分单词,代码如下:

```
import re
sentence = input("请输入一段话:")
# 查找所有满足正则表达式模式的子串
words = re.findall(r'\b\w+\b', sentence)
print("这段话中有{}个单词".format(len(words)))
```

上面程序因为使用了 re 模块,因而更为简短。re 模块是 Python 中的正则表达式模块,它提供了一系列的函数和方法,用于对字符串进行正则匹配和处理。

正则表达式是一种语法规则,可以用来描述字符串的特定模式。re 模块中的函数和方法可以用来创建正则表达式模式,并将其应用于字符串中,从而实现字符串的匹配、查找、替换、分割等操作。

正则表达式"\b\w+\b"是一个用于匹配单词的模式,其中各个部分的含义如下:

\b　表示单词的边界,确保匹配的单词不是其他单词的一部分。\b 不匹配任何字符,它只表示位置。

\w+　匹配一个或多个单词字符。\w 表示任何单词字符(字母、数字、下划线),而+表示匹配一个或多个。

\b　再次表示单词的边界,确保匹配的单词不是其他单词的一部分。

综合起来,\b\w+\b 可以匹配一个完整的单词。例如,在字符串 "Hello, world!" 中,它可以匹配 "Hello" 和 "world" 这 2 个单词。

re 模块提供了多种函数和方法,包括:

re.search(pattern, string, flags=0)　在字符串中查找满足正则表达式模式的第一个子串,返回一个匹配对象。如果没有匹配到任何子串,则返回 None。

re.match(pattern, string, flags=0)　从字符串开头开始匹配满足正则表达式模式的子串,返回一个匹配对象。如果没有匹配到任何子串,则返回 None。

re.findall(pattern, string, flags=0)　在字符串中查找所有满足正则表达式模式的子串,并以列表的形式返回。如果没有匹配到任何子串,则返回一个空列表。

re.sub(pattern, repl, string, count=0, flags=0)　在字符串中查找满足正则表达式模式的所有子串,并将其替换为指定的字符串,返回替换后的新字符串。可以通过 count 参数指定最多替换多少次,如果 count 为 0,则替换所有匹配到的子串。

re.compile(pattern, flags=0)　将正则表达式模式编译为正则表达式对象,以便在多个字符串上执行匹配操作。可以通过 flags 参数指定编译时的选项。

除了上述函数和方法外,re 模块还提供了多种正则表达式模式的语法规则,如下所示:

.　匹配任意单个字符。

*　匹配前面的字符出现 0 次或多次。

+　匹配前面的字符出现 1 次或多次。

?　匹配前面的字符出现 0 次或 1 次。

[]　匹配方括号中的任意一个字符。

|　用于在正则表达式中分隔多个模式,表示其中任意一个模式匹配即可。

正则表达式的语法规则非常复杂,这里只列举了其中一部分。如果需要深入了解,可以参

考 Python 官方文档或相关的正则表达式教程。

虽然 Python 提供了丰富的字符串处理函数，但是当找不到适合解决问题的字符串函数时，就需要从构成字符串的字符入手。

【例 6-7】 回文串变换——编写一个程序输入一个字符串，判断是否能够通过修改最多一个字符，使输入的字符串成为回文串。

【思路分析】 回文串的特征是首尾字符对应相等，即第 1 个字符与最后 1 个字符相同，第 2 个字符与倒数第 2 个字符相同，以此类推，因而，可以编程判断这个特征是否满足，满足即为回文串。另外，为了实现可以最多修改一个字符，枚举串上每一个字符，枚举的字符可以被修改，所以不需要判断被修改的字符与其对应的字符是否相同(因为修改后一定能相同)。

完整的代码如下：

```
s = input("请输入一个字符串:")
for i in range(len(s)//2): # 字符串中下标为 i 的字符可以修改
    for j in range(len(s)//2): # 字符中下标为 j 和 len(s) - 1 - j 的字符进行比较
        if i != j and s[j] != s[len(s) - 1 - j]:
            break
    else:
        print('最多修改一个字符可以构成回文串')
        break;
else:
    print('无法构成回文串')
```

回文串变换

程序运行结果如下：

```
请输入一个字符串:label
最多修改一个字符可以构成回文串
```

6.4 集合

在 Python 中，集合(set)是一种无序、可变、元素唯一的数据类型，用大括号 {} 或 set() 函数来创建。使用 {} 创建集合时，必须至少有一个元素，创建空集时可以使用 set() 。集合是一种常用的数据类型，特别是在去除列表、元组、字符串等可迭代对象中的重复元素时非常有用。

集合和列表、元组等数据类型的区别在于：

- 集合是无序的，即集合中的元素没有特定的顺序。
- 集合中的元素是唯一的，即同一个集合中不会有重复的元素。
- 集合可以进行交、并、差等运算，可以方便地实现集合的去重、交集、并集等操作。

【例 6-8】 筛选素数——采用筛选法输出 1 到 N 之间所有素数。

【思路分析】 可以使用集合类型和筛选法来输出 1 到 N 之间所有素数。具体实现可以按照以下步骤：

(1)创建一个包含 1 到 N 的所有整数的集合。可以使用 set()函数和一个循环来实现。

(2)从 2 开始,找到集合中最小的数,并将其添加到一个新的集合中,该集合包含所有素数。

(3)从该最小数的倍数开始,将集合中的所有该数的倍数都从原集合中删除。

(4)重复步骤(2)和步骤(3),直到原集合为空。

(5)返回包含所有素数的集合。

完整代码如下:

```
def find_primes(n):
    # 创建一个包含 1 到 n 的整数集合
    numbers = set(range(2, n + 1))
    # 用来存放素数的集合
    primes = set()

    while numbers:
        # 找到集合中最小的数,并将其添加到素数集合中
        prime = min(numbers)
        primes.add(prime)
        # 从该数的倍数开始,将集合中所有该数的倍数都删除
        multiples = set(range(prime, n + 1, prime))
        numbers - = multiples

    return primes

n = int(input('输入一个大于 2 的整数:'))
primes = find_primes(n)
print(primes)
```

筛选素数

程序运行结果如下:

```
输入一个大于 2 的整数:100
{2, 3, 5, 7, 11, 13, 17, 19, 23, 29, 31, 37, 41, 43, 47, 53, 59, 61, 67, 71, 73, 79,
83, 89, 97}
```

6.5 字典

Python 中的字典(dictionary)是一种可变容器模型,用于存储键-值对(key-value)数据,其中每个键(key)都对应一个值(value)。Python 中的字典类型在内部实现上使用了哈希表(hash table),可以快速地查找、插入、删除键-值对。

字典中的键必须是不可变类型(如字符串、数字、元组等),而值可以是任意类型。字典中的键必须是唯一的,如果重复了会自动覆盖之前的值。

字典类型可以使用大括号{}或者 dict()函数来创建,也可以使用推导式生成。

【例 6-9】 投票统计——某选举需要选出一位会长，现输入 N 个人的投票选择，一行一个人名，统计不同人名出现的次数，并按出现次数由多到少输出结果。

【思路分析】 以人名作为关键字，该人名出现的次数作为值，构成字典项，新出现的人名就添加到字典，已经在字典中出现的人名，就将出现次数加 1。最后，对字典中的所有人名按照出现次数排序，输出结果。

完整代码如下：

```
names = []  # 存储输入的人名
name_counts = {}  # 存储人名出现的次数
# 输入 N 个人名，存储到 names 列表中
N = int(input("请输入投票个数:"))
for i in range(N):
    name = input("请输入第" + str(i+1) + "个人名:")
    names.append(name)
# 统计人名出现的次数
for name in names:
    if name in name_counts:
        name_counts[name] + = 1
    else:
        name_counts[name] = 1
# 按照人名出现的次数从大到小排序
sorted_name_counts = sorted(name_counts.items(), key = lambda x: x[1], re-
verse = True)
# 输出结果
for name, count in sorted_name_counts:
    print("{}: {}".format(name, count))
```

投票统计

程序运行结果如下：

```
请输入投票个数:6
请输入第 1 个人名:Smith
请输入第 2 个人名:Tom
请输入第 3 个人名:Smith
请输入第 4 个人名:Smith
请输入第 5 个人名:Wang
请输入第 6 个人名:Wang
Smith: 3
Wang: 2
Tom: 1
```

这段代码实现了对投票的统计，并将结果按照投选的人名出现次数从大到小排序输出。具体步骤如下：

首先，通过 input 函数获取投选的人名，并存储到人名列表 names。

接下来，创建一个空字典 name_counts，用于统计每个人名出现的次数。

遍历人名列表 names，对于每个人名，如果该人名已经出现在 name_counts 中，则将其对应的计数值加 1；否则，将其加入字典中，并将计数值设为 1。

完成人名计数之后，使用 sorted 函数按照字典中的值（即人名出现次数）进行降序排序，得到一个按照出现次数排序的人名列表 sorted_name_counts。sorted 函数是 Python 内置的一个排序函数，用于对可迭代对象进行排序操作。它可以接受多种参数组合，可以使用 key 参数来指定一个函数，用于排序时的比较规则，也可以使用自定义的函数来指定排序规则。

最后，遍历排序后的人名列表 sorted_name_counts，依次输出每个人名和其获得的选票数量。

需要注意的是，这段代码没有考虑人名的大小写等问题，可能会将不同大小写的人名视为不同的人。在实际应用中需要根据具体情况进行调整和处理。

6.6 迭代器

迭代器是一个对象，它可以实现一个序列，并且可以逐个返回它的元素。迭代器可以用于遍历列表、元组、字典、集合等对象。在 Python 中，任何实现了 iter() 和 next() 方法的对象都可以作为迭代器。

iter() 方法返回迭代器对象本身。

next() 方法返回迭代器的下一个元素，如果没有下一个元素，会抛出 StopIteration 异常。

以下是一个简单的例子，用于遍历列表：

```
# 创建一个迭代器
list_iter = iter([1, 2, 3, 4, 5])
# 逐个输出列表中的元素
while True:
    try:
        # 调用 next() 方法获取下一个元素
        element = next(list_iter)
        print(element)
    except StopIteration:
        # 遍历结束时抛出 StopIteration 异常
        break
```

迭代器和列表都可以用于循环结构中，作为遍历的对象，它们的主要区别在于：

（1）遍历行为　列表在遍历过程中，无论遍历多少次，其表头位置的元素始终是第一个被访问到的，列表还可以通过索引访问任意位置的元素。而迭代器只能向前遍历，不能后退，在遍历结束后，不再指向原来的表头位置，而是移动到最后一个元素的下一个位置。

(2)内存使用　列表会在构建时一次性加载所有的元素到内存中,这样在进行遍历时,CPU需要访问整个已知的列表内容。相比之下,迭代器并不会提前加载所有的元素,而是在每次请求下一个元素时才会计算并返回,这种做法被称为延迟计算。这意味着迭代器通常比列表占用更少的内存空间,尤其是在处理大型数据集时,使用迭代器的优势明显。

6.7　生成器

生成器是一个用于生成序列的函数,它使用 yield 语句来返回每个生成的值。生成器是一个特殊的迭代器,它可以被视为一个迭代器的工厂,每次迭代都会生成一个新的值。生成器可以用于创建大量数据或者对数据进行处理。在 Python 中,生成器可以通过函数或者生成器表达式来创建。

生成器函数与普通函数的区别在于它不是使用 return 来返回一个值,而是使用 yield 语句来生成一个值。当调用生成器函数时,它会返回一个生成器对象。每次迭代该对象时,都会执行生成器函数并返回一个值,直到生成器函数中的所有 yield 语句都被执行完毕。

以下是一个简单的例子,用于生成斐波那契数列:

```
# 定义一个生成器函数
def fibonacci(n):
    a, b = 0, 1
    for i in range(n):
        yield a
        a, b = b, a + b
# 创建一个生成器对象
fib = fibonacci(10)
# 逐个输出生成器中的元素
for element in fib:
    print(element)
```

在上面的例子中,当调用 fibonacci(10) 时,它返回一个生成器对象。在 for 循环中,逐个迭代该对象并输出每个元素。在每次迭代中,生成器函数会执行并返回一个值,直到生成器中的所有值都被生成完毕。

生成器表达式是一种更简洁的创建生成器的方法。它类似于列表推导式,但是用括号()包含起来,而不是用方括号 [],例如:

```
a = (i**2 for i in range(1,6))
for i in a:
    print(i, end='') # 输出 1 4 9 16 25
```

迭代器和生成器都具有"延迟计算"的特性,都可用于循环结构中,作为获取数据的方法。迭代器主要用来遍历和访问数据结构的元素,而生成器则是为了能够动态地生成数据结构的一部分或整个数据结构，同时保持高效的内存使用和性能表现。在实际编程中，选择使用迭代器或是生成器取决于对数据的处理需求和对性能的要求。

习 题

1. 程序中已经有一个按升序排列的整数序列 arr，编写程序输入一个整数 x，把 x 插入序列中，使序列仍然保持升序。

2. 输入 10 个浮点数，计算它们的平均值，并统计有多少个数比平均值大。

3. 输入 10 个整数，输出其中不同的数，即如果一个数出现了多次，只输出一次(要求按照每一个不同的数第一次出现的顺序输出)。

4. 输入一个 3 行 4 列的整数矩阵，计算并输出主对角线上的元素之和。

5. 给定一个由 1 或 0 构成的 8 行 8 列的二维整型矩阵，判断该矩阵中有无全是 1 的行、列或对角线。输出相应的行号、列号和那个对角线(主、副)。

6. 给定一个 3 行 4 列的整数矩阵(矩阵中任意 2 个数不相同)，找出该矩阵中的鞍点，即该位置上的元素在该行上最大、该列上最小。没有鞍点则输出 NO。

7. 输入 3 行字符串，统计并输出其中有多少个大写字母。

8. 输入 2 个字符串 s_1 和 s_2，计算 2 个字符串的所有字符的 ASCII 码值之和的差。

9. 编写一个程序输入一个字符串，判断是否能够通过修改最多 2 个字符，使输入的字符串成为回文串？

10. 输入 n 个学生姓名、语文成绩和数学成绩(一行一个学生信息，以空格分隔)，按总分成绩由高到低排序(如果总分一样，语文成绩高的排前)，输出排序结果(一行一个排序后的学生信息)。

第7章　文　件

【学习目标】

(1)了解文件的概念。

(2)理解文本文件与二进制文件的区别。

(3)熟练掌握内置函数 open()的用法。

(4)熟练掌握使用文件对象读写文件的方法。

(5)熟练掌握上下文管理语句 with 的用法。

(6)掌握 os、os. path 的使用。

本章之前编写的程序运行时，所需数据已经存储在内存中，或者是从键盘输入内存，程序运行结果输出到显示器。这种数据处理方式是临时性的，程序运行结束后数据就会丢失。除显示器和键盘外，输入输出设备还包括磁盘、光盘、磁带等，程序运行所需的数据可以来自这些设备，程序运行结果也可以输出到这些设备中进行长期保存。

本章介绍使用文件读写等操作实现数据持久存储的相关知识。

7.1　文件的概念

所谓文件，一般是指存储在外部介质上的数据集合。例如，程序文件是程序代码的有序集合，数据文件是一组数据的有序集合。一般来说，存储介质多为磁盘等，即使在关机停电的情况下，也不会丢失文件中的信息。

操作系统和程序设计语言都提供了对文件进行操作的方法，操作系统提供的一般是对整个文件的操作，如文件的复制、重命名等。程序设计中文件操作是利用 Python 语言的函数对存储在外部介质上的文件中的数据进行各种输入和输出。

一个文件在外部介质上存储时，需要有一个唯一的文件标识，以便用户识别和引用，这个文件标识称为“文件名”。文件名通常由 3 个部分组成：

(1)文件路径　用于表示文件在外部存储设备中的位置，命名规则由操作系统确定。

(2)主文件名　用于识别文件，命名规则通常遵循标识符的命名规则。

(3)文件扩展名　通常用于区分文件的类型，各种类型文件通常有约定的扩展名。

图 7-1 展示了一个 Windows 操作系统中常见的文件名，该文件名表示“course. dat”文件存储在 D 盘的 prog 目录下的 data 子目录中。

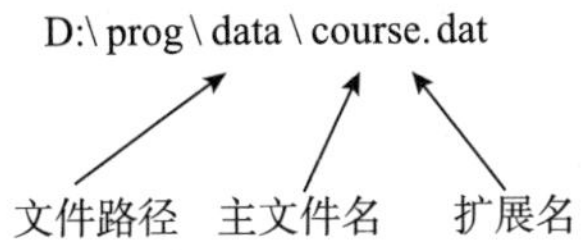

图 7-1 Windows 操作系统中的文件名

图中的反斜线字符“\”是 Windows 操作系统的目录分隔符号，在 Python 语言中被作为转义字符的标记，因此在程序中以字符串形式书写上面的文件名时，应该写成如下形式：

D:\\prog\\data\\course. dat

Python 语言程序设计中经常使用的文件有 2 类：程序文件（包括源程序文件，扩展名是. py）和数据文件。数据文件是程序运行时读写的文件，例如，学生档案文件、商品交易信息文件等。

7.2 文件的数据存储

数据如何存储到文件中呢？字符类型的数据通常直接以 ASCII 码或 UTF-8 编码等形式存储到文件中，其他的数值型数据既能用二进制形式存储，也能用 ASCII 码或 UTF-8 编码等形式存储。

例如，整数 12345 如果以 ASCII 码形式存储到文件中，就是把字符串“12345”存储到文件中，在磁盘上占用 5 个字节；以二进制形式存储到文件中，是直接把其内存中的形式存储到文件中，占用 4 个字节（当作一个 32 位整数时），如图 7-2 所示。

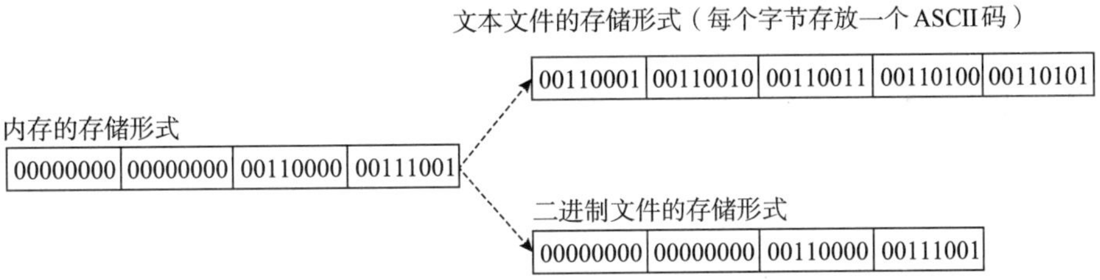

图 7-2 文本文件与二进制文件中的存储形式

根据数据在文件中存储时程序解释数据的方式，程序中使用的数据文件可以分为文本文件和二进制文件。数据在内存中是以二进制形式存储的，如果不进行转换，直接将内存中数据的二进制形式存储到文件中，就是二进制文件；如果将内存中的数据全部转化为 Unicode 编码形式存储到文件中，就是文本文件。

文本文件存储数据时，容易被程序解读为人类熟悉的文本，但一般占用存储空间较多。二进制文件存储数据时，内存与文件中的存储形式一致，处理时效率较高。

7.3 文件缓冲区

标准 Python 语言使用“缓冲文件系统”处理文件的存取。所谓缓冲文件系统是指系统自动地在内存中为程序中每一个正在使用的文件开辟一个文件缓冲区。

缓冲文件系统的作用是协调高速的内存设备与低速的外部存储设备之间的配合，提高文件存取效率。如图 7-3 所示，从内存向外部存储设备输出数据时，数据首先送到内存中的输出文件缓冲区，缓冲区被装满后，数据被整批送到外部存储设备。从外部存储设备的文件中读取数据到内存时，首先一次性读取一批数据放到输入文件缓冲区中，然后把缓冲区的数据逐个输入程序的数据区(变量)。

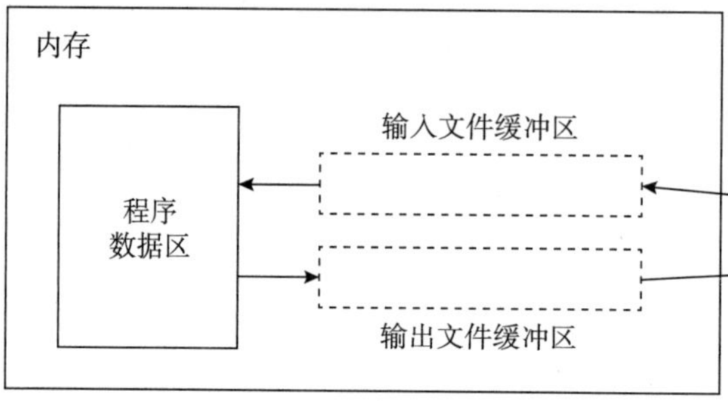

图 7-3　文件缓冲区和文件的读取

前面已经介绍过，Python 语言的字符型数据是以字符的 ASCII 码表示和存储的，一个字符型数据占用一个字节。字符数组就是数组元素为字符型数据的数组。Python 语言中没有专门的字符串类型，使用字符数组来表示和存储字符串。

7.4　文件操作

在 Python 中，文件是指计算机中存储数据的一种形式，可以包含文本、图像、音频、视频等各种类型的数据。Python 提供了一些内置函数和模块来操作文件，以便读取和写入文件，查找和修改文件内容，以及管理文件系统。Python 代码操作文件的一般流程如图 7-4 所示。

图 7-4　文件操作的一般流程

操作文件的一般步骤如下：

(1)打开文件　使用 open()函数打开一个文件，可以指定文件名、文件打开模式、编码方式等参数，返回一个文件对象。

(2)操作文件　使用文件对象进行读写操作，可以使用 read()、write()等方法。

(3)关闭文件　使用 close()方法关闭文件对象，释放系统资源。

需要注意的是，操作完文件后要及时关闭文件，否则可能会导致文件无法被其他程序或进程访问，或者在某些情况下造成数据丢失或损坏。

【例 7-1】 读取文本文件——编程打开文本文件 data.txt，读取并显示其中全部内容。

【思路分析】 可以使用 Python 内置的 open()函数来打开文件，然后使用文件对象的 read()方法读取全部内容。

完整代码如下：

```
# 打开文件
file = open("data.txt", "r")
# 读取全部内容
content = file.read()
# 显示内容
print(content)
# 关闭文件
file.close()
```

【例 7-2】 写入文本文件——编程实现从键盘输入多行文本信息，以输入# 号结束，将内容全部写入 out.txt 中。

【思路分析】 可以使用 Python 内置的 open()函数来打开文件，然后使用文件对象的 write()方法写入内容到文件。

完整代码如下：

```
# 打开文件
file = open("out.txt", "w")
while True:
    line = input("请输入文本(输入 # 结束):")
    if line == "#":
        break
    file.write(line + "\n")
print("文本已保存至 out.txt")
```

在例 7-1 和例 7-2 中都使用了 open()函数，下面给出该函数的详细说明。

使用 open()函数的语法如下：

```
file_object = open(filename, mode)
```

其中，filename 是文件名(包括路径)，mode 是文件打开模式。常见的文件打开模式如下：

r　以只读模式打开文件，文件指针位于文件开头(默认模式)；

w　以写入模式打开文件，如果文件已存在则先清空文件，如果文件不存在则创建文件；

a　以追加模式打开文件，如果文件不存在则创建文件；

b　以二进制模式打开文件，可以和其他模式一起使用。

打开文件后，可以通过文件对象 file_object 来对文件进行读写操作：

file_object.read()　读取文件内容；

file_object.readline()　读取文件的一行内容；

file_object.readlines()　读取文件的所有行，返回一个列表；

file_object.write(str)　将字符串 str 写入文件；

file_object.writelines(list)　将字符串列表 list 写入文件。

完成文件操作后，一定要记得关闭文件：

```
file_object.close()
```

需要注意的是，在文件操作中，应该遵循“打开－读写－关闭”3 个步骤，并采取适当的异常处理机制，防止出现文件操作错误和泄露。

【例 7-3】 文件中的单词排序——编程实现从文件 words.txt 中读入英文单词（英文单词每行一个），将单词按照字典顺序排序，最后写入 out.txt 文件中。

【思路分析】 可以按照以下步骤来实现：首先，打开文件 words.txt，读取所有单词并存储到一个列表中；其次，使用 sorted 函数对单词列表进行排序；最后，打开文件 out.txt，将排序后的单词列表写入文件。

完整代码如下：

```
with open("words.txt", "r") as f:
    words = [line.strip() for line in f]
words_sorted = sorted(words)
with open("out.txt", "w") as f:
    for word in words_sorted:
        f.write(word + "\n")
```

第 1 步使用了文件对象的 readlines 方法，该方法返回一个列表，列表中每个元素为文件中的一行。

第 2 步使用了 Python 内置的 sorted 函数，该函数可以对任何可迭代对象进行排序，并返回排序后的列表。sorted 函数默认按照字典顺序进行排序。

第 3 步使用了文件对象的 write 方法，该方法将指定的字符串写入文件中。注意，在写入单词时需要添加换行符"\n"，以便每个单词占据一行。

在 Python 中，使用 with...as 语法可以更方便、更安全地处理文件和其他资源。with...as 语法的基本语法如下：

with open(file_path, mode) as file_object:

其中，file_path 表示文件路径，mode 表示文件打开模式，file_object 是文件对象。使用 with...as 语法打开文件时，无须手动关闭文件。当执行完 with 代码块内的语句时，Python 会自动关闭文件，即使出现了异常也会关闭文件。这样可以避免文件被占用，也可以避免忘记关闭文件的情况。

with...as 语法还支持同时打开多个文件，并且可以在同一个 with 代码块中对多个文件进行操作。例如：

with open(file_path1, mode1) as file_object1, open(file_path2, mode2) as file_object2:

在 with 代码块内，可以对文件进行读取、写入、追加等操作。例如：

```
with open(file_path, 'r') as f:
    contents = f.read()  # 读取文件全部内容
```

```
with open(file_path, 'w') as f:
    f.write('Hello, world! ')  # 写入文件
with open(file_path, 'a') as f:
    f.write('\n')  # 在文件末尾追加一行空行
```

with...as 语法是 Python 语言推荐的文件处理方式，因为它可以确保文件被正确地关闭，并且可以让代码更简洁、更易读。

当需要保存一些二进制数据时，比如图片、音频、视频等文件，就需要使用二进制模式写入文件。

下面是一个使用二进制模式写入图片文件的例子：

```
with open("image.png", "rb") as f:
    data = f.read()

with open("image_copy.png", "wb") as f:
    f.write(data)
```

首先，以二进制模式读取一个图片文件，将其数据保存在变量 data 中。接着，以二进制模式打开一个新文件，并将 data 中的数据写入文件。这样，就复制了一个完整的图片文件。

需要注意的是，在使用二进制模式打开文件时，需要使用 “rb”和“wb”作为参数，分别表示读取和写入二进制数据。而在读写文本文件时，通常使用的是“r”和“w”作为参数，分别表示读取和写入文本数据。

7.5 文件夹操作

在文件操作中，还经常会用到 os 和 os.path 模块，它们提供了许多函数来操作文件和目录。例如：

os.listdir(path) 返回指定目录下的文件和目录列表；

os.path.join(path, name) 连接目录和文件名，返回一个完整的路径；

os.path.basename(path) 返回路径中的文件名部分；

os.path.dirname(path) 返回路径中的目录部分；

os.path.exists(path) 判断指定路径是否存在。

【例 7-4】 查找与显示文件名——指定文件夹名称，查找并显示该文件夹及其子文件夹中所有扩展名为“py”的文件的完整路径。

【思路分析】 可以使用 os 模块中 os.walk(path)函数实现该功能。

完整代码如下：

```
import os

def find_files(path, extension='.py'):
    """
```

```
    递归查找指定路径下的所有扩展名为 extension 的文件
    """
    for root, dirs, files in os.walk(path):
        for file in files:
            if file.endswith(extension):
                print(os.path.join(root, file))

# 测试
path = 'd:\\python'
find_files(path, extension='.py')
```

查找与显示文件名

其中,os.walk(path)会递归遍历指定路径下的所有子文件夹,返回一个三元组(root, dirs, files),分别代表当前文件夹路径、当前文件夹下的子文件夹列表和当前文件夹下的文件列表。

可以遍历 files 列表,使用 endswith()方法判断文件扩展名是否为.py,如果是则打印文件的完整路径(使用 os.path.join()拼接路径)。

习 题

1. 从键盘输入一个字符串,把其中的小写字母全部转换为大写字母,输出到名为“test.txt”的文件中。

2. 文件“integer.dat”中以二进制形式保存了 100 个整数(每行一个整数),编程从文件中读取这些整数并输出其中的最大值。

3. 从键盘输入若干行字符串(每行长度不同,都不超过 80 个字符),以空串作为输入结束。把这个字符串存储到文件“str.txt”中。

4. 有 5 个学生,每个学生有 3 门课成绩,从键盘输入学生数据(包括学号、姓名、3 门课成绩),计算出学生的平均成绩。把所有数据存储到二进制文件“student.dat”中。

5. 文件“integer.dat”中以二进制形式保存了 100 个整数,编程把其中第 80 个数据的值增加 100,再保存回文件。

第 8 章　GUI 界面程序开发

【学习目标】

(1)了解 GUI 应用程序开发。

(2)掌握标准库 Tkinter 在 GUI 应用程序开发中的使用。

(3)理解 GUI 应用程序中的事件及其工作原理。

8.1　图形化界面应用简介

Python 提供了多种图形用户界面(GUI)开发工具包,其中最常用的是 Tkinter、PyQt、wxPython 和 Kivy 等。以下是关于 Python 图形化界面开发的详细介绍。

(1)Tkinter　Tkinter 是 Python 标准库中自带的 GUI 工具包,它基于 Tcl/Tk 开发,具有良好的跨平台性能,适合快速创建简单的桌面应用程序。Tkinter 特点是提供了丰富的部件(如标签、按钮、文本框、菜单等),并支持事件处理和布局管理。它易于学习和使用,适用于小型项目和原型开发。

示例代码如下:

```
import tkinter as tk
root = tk.Tk()
label = tk.Label(root, text = "Hello World")
label.pack()
root.mainloop()
```

程序运行效果如图 8-1 所示。

图 8-1　Tkinter 用户界面

(2)PyQ　PyQt 是一个流行的跨平台 GUI 工具包,它提供了 Qt 库的 Python 绑定。Qt 是一个功能强大的 C++库,用于创建高质量的桌面应用程序。PyQt 的特点是支持丰富的部件和功能,可用于开发复杂的 GUI 应用程序。它还提供了 Qt Designer 工具,可用于可视化界面设计。使用 PyQt 需要安装相应的库。

示例代码如下:

```
from PyQt5.QtWidgets import QApplication, QLabel
app = QApplication([])
label = QLabel("Hello World")
label.show()
app.exec_()
```

程序运行效果如图 8-2 所示。

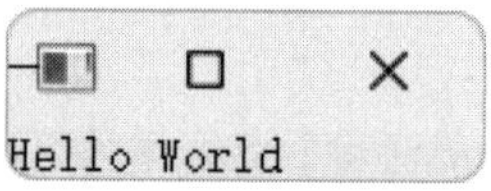

图 8-2　PyQt 用户界面

(3)wxPython　wxPython 是 Python 的一个 GUI(图形用户界面)库,它基于 wxWidgets,提供了丰富的界面组件和跨平台支持。wxPython 的特点是提供了与操作系统本地界面一致的外观和行为,可用于创建跨平台的桌面应用程序。它包含大量的部件和工具,支持事件处理和多线程。使用 wxPython 需要安装相应的库。

示例代码如下：

```
import wx
app = wx.App(False)
frame = wx.Frame(None, wx.ID_ANY, "Hello World")
frame.Show(True)
app.MainLoop()
```

程序运行效果如图 8-3 所示。

图 8-3　wxPython 用户界面

(4)Kivy　Kivy 是一个用于开发多点触摸应用程序的开源 Python 库。它支持多平台,包括移动设备(Android、iOS)和桌面。Kivy 的特点是提供了自定义部件和布局管理,具有强大的多点触摸支持,适用于移动应用和嵌入式系统。它还支持自定义 UI 设计。使用 Kivy 需要安装相应的库。

示例代码如下：

```
from kivy.app import App
from kivy.uix.label import Label

class HelloWorldApp(App):
```

```
    def build(self):
        return Label(text = 'Hello, World! ')

if __name__ == '__main__':
    HelloWorldApp().run()
```

程序运行效果如图 8-4 所示。

图 8-4 Kivy 用户界面

以上是 Python 中常用的几种图形化界面开发工具包的简要介绍。选择合适的工具包取决于项目需求、目标平台和个人偏好。无论选择哪种工具包，都可以创建出各种各样的 GUI 应用程序，从简单的工具到复杂的桌面应用。

8.2 Tkinter 库的使用

当使用 Python 时，Tkinter 的可用性可能因您的 Python 安装和操作系统而异。对于大多数 Python 安装来说，Tkinter 是标准库的一部分，因此可以在不需要额外安装步骤的情况下使用它。

本章重点介绍 Tkinter 库的使用。

【例 8-1】 任务记录本——从文件“tasks. txt”中读取任务，显示在列表中，可以添加和删除任务，并自动保存到文件“tasks. txt”中。

【思路分析】 创建一个简单的任务列表 GUI 程序，任务以列表框的形式显示在界面上。用户可以通过输入任务并点击“添加任务”按钮来添加新任务，还可以选中任务并点击“删除任务”按钮来删除任务。在“添加任务”和“删除任务”后，保存任务信息。

完整代码如下：

```
import tkinter as tk
from tkinter import messagebox
# 创建主窗口
root = tk.Tk()
root.title("任务列表")
# 创建任务列表
tasks = []
# 读取文件
```

任务记录本

```
def read_file():
    try:
        with open("tasks.txt", "r") as f:
            for line in f:
                tasks.append(line.strip())
                listbox.insert(tk.END, line)
    except FileNotFoundError:
        pass
# 写入文件
def write_file():
    with open("tasks.txt", "w") as f:
        for item in tasks:
            f.write(item + '\n')
# 添加任务函数
def add_task():
    task = entry.get()
    if task:
        tasks.append(task)
        listbox.insert(tk.END, task)
        entry.delete(0, tk.END)
    write_file()
# 删除任务函数
def delete_task():
    try:
        selected_task_index = listbox.curselection()[0]
        selected_task = listbox.get(selected_task_index)
        if messagebox.askyesno("删除任务", f"确定要删除任务 '{selected_task}
'吗?"):
            tasks.remove(selected_task.strip())
            listbox.delete(selected_task_index)
    except IndexError:
        pass
    write_file()
# 创建和配置 GUI 元素
frame = tk.Frame(root)
frame.pack(pady = 10)
entry = tk.Entry(frame, font = ("Helvetica", 14))
```

```
    entry.grid(row = 0, column = 0)

    add_button = tk.Button(frame, text = "添加任务", command = add_task)
    add_button.grid(row = 0, column = 1)

    delete_button = tk.Button(frame, text = "删除任务", command = delete_task)
    delete_button.grid(row = 0, column = 2)
    listbox = tk.Listbox(root, selectmode = tk.SINGLE, font = ("Helvetica", 12),
selectbackground = "yellow")
    listbox.pack(padx = 20, pady = 10)

    # 主循环
    read_file()
    root.mainloop()
```

程序运行效果如图 8-5 所示。

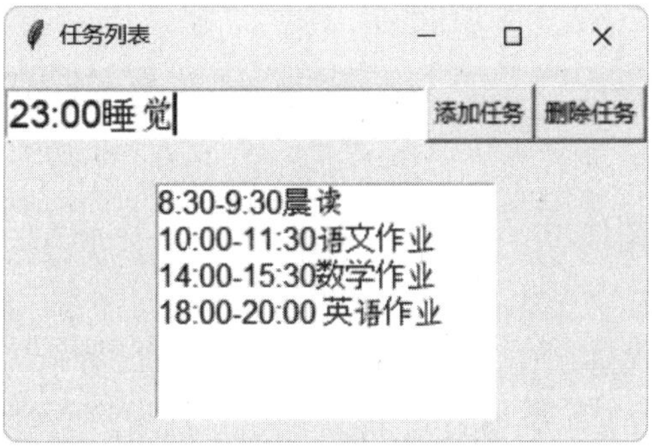

图 8-5　任务记录本界面

下面详细解释程序中的各个部分。

(1)导入 Tkinter 库　这里导入了 Tkinter 库,以及从 Tkinter 中导入 messagebox 模块,后者用于显示消息框。

(2)创建主窗口和任务列表　首先,创建了一个主窗口 root,并设置了窗口的标题为“任务列表”。然后,创建了一个空的任务列表 tasks,用于存储用户添加的任务。

(3)添加任务函数(add_task)　这个函数在用户点击“添加任务”按钮时触发。它首先获取用户在文本框中输入的任务文本,然后检查是否为空。如果任务不为空,它将任务添加到 tasks 列表中,然后在任务列表框 listbox 中插入该任务,并清空文本框以准备添加下一个任务。

(4)删除任务函数(delete_task)　这个函数在用户点击“删除任务”按钮时触发。首先,它尝试获取用户当前选中的任务的索引。如果成功获取到任务索引,它会显示一个消息框来确认是否删除任务。如果用户确认删除,它将从 tasks 列表中移除选中的任务,并从任务列表框 listbox 中删除该任务。如果用户没有选中任务或取消删除操作,程序将继续运行。

(5)创建和配置 GUI 元素　在这部分,首先创建了一个 Frame 组件 frame,并将其放置在主窗口 root 中。然后,创建了 3 个 GUI 元素。

• Entry:用于用户输入任务的文本框。

- “添加任务”按钮：点击后触发 add_task 函数。
- “删除任务”按钮：点击后触发 delete_task 函数。

这些元素都被放置在 frame 内，并使用 grid 布局进行排列。另外，还创建了一个 Listbox 组件 listbox，用于显示任务列表，并设置了一些样式属性。

(6)主循环　最后，通过调用 root.mainloop()来启动 GUI 应用程序的主循环，该循环监听用户的交互事件，使程序能够响应用户的操作。

【例 8-2】 点菜——使用 Tkinter 库实现一个简单的点菜程序。包括如下功能：

(1)显示菜单列表，用户可以从中选择菜品。

(2)用户可以点击“添加菜品”按钮将菜品添加到已选菜单中。

(3)用户可以点击“移除菜品”按钮从已选菜单中移除菜品。

(4)显示已选菜单和总价。

完整代码如下：

```
import tkinter as tk
from tkinter import messagebox
# 初始化菜单列表
menu_items = {
    "牛肉面": 10,
    "鸡肉炒饭": 8,
    "红烧鱼": 12,
    "番茄炒蛋": 6,
    "凉拌黄瓜": 4,
}
# 创建主窗口
root = tk.Tk()
root.title("点菜程序")
# 创建一个空列表,用于存储点的菜
selected_items = []
# 函数:添加菜品
def add_item():
    selected_item = menu_listbox.get(tk.ACTIVE)
    if selected_item:
        selected_items.append(selected_item)
        update_selected_items()
        calculate_total()
# 函数:移除菜品
def remove_item():
```

点菜

```
    try:
        selected_item_index = selected_listbox.curselection()[0]
        selected_item = selected_listbox.get(selected_item_index)
        selected_items.remove(selected_item)
        update_selected_items()
        calculate_total()
    except IndexError:
        pass
# 函数:更新已选菜单
def update_selected_items():
    selected_listbox.delete(0, tk.END)
    for item in selected_items:
        selected_listbox.insert(tk.END, item)
# 函数:计算总价
def calculate_total():
    total_price = sum(menu_items[item] for item in selected_items)
    total_label.config(text=f"总价:{total_price} 元")
# 创建菜单列表框
menu_listbox = tk.Listbox(root, selectmode=tk.SINGLE, height=8)
for item in menu_items:
    menu_listbox.insert(tk.END, item)
menu_listbox.pack(side=tk.LEFT, padx=10)
# 创建按钮:添加菜品
add_button = tk.Button(root, text="添加菜品", command=add_item)
add_button.pack()
# 创建已选菜单列表框
selected_listbox = tk.Listbox(root, selectmode=tk.SINGLE, height=6)
selected_listbox.pack(side=tk.LEFT, padx=10)
# 创建按钮:移除菜品
remove_button = tk.Button(root, text="移除菜品", command=remove_item)
remove_button.pack()
# 创建总价标签
total_label = tk.Label(root, text="")
total_label.pack()
# 运行主循环
root.mainloop()
```

程序运行效果如图 8-6 所示。

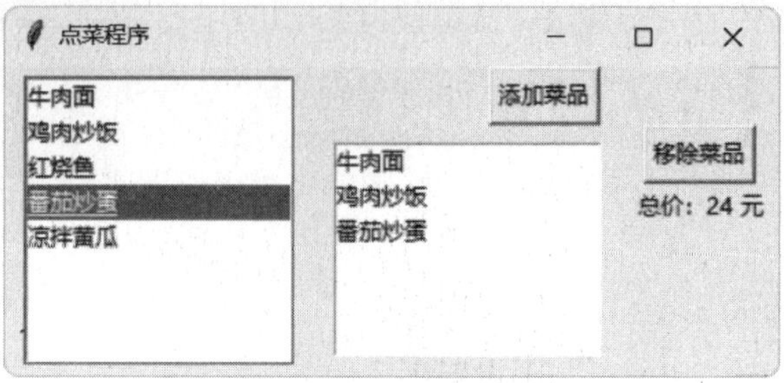

图 8-6　点菜程序界面

这个点菜程序允许用户从菜单中选择菜品，将它们添加到已选菜单中，并计算所点菜品的总价。用户可以通过点击“添加菜品”按钮来选择菜品，通过点击“移除菜品”按钮来移除已选的菜品。已选菜单和总价会实时更新。以下是程序的详细解释：

(1)导入 Tkinter 库和必要的模块；

(2)初始化菜单列表，包括菜品和价格；

(3)创建主窗口；

(4)创建函数 add_item()，它用于将选中的菜品添加到已选菜单中；

(5)创建函数 remove_item()，它用于从已选菜单中移除选中的菜品；

(6)创建函数 update_selected_items()，用于更新已选菜单列表框的显示；

(7)创建函数 calculate_total()，用于计算已选菜单的总价并更新总价标签的显示；

(8)创建菜单列表框 menu_listbox，用于显示可选的菜品；

(9)创建“添加菜品”按钮，并指定它的回调函数为 add_item()；

(10)创建已选菜单列表框 selected_listbox，用于显示用户已选的菜品；

(11)创建“移除菜品”按钮，并指定它的回调函数为 remove_item()；

(12)创建总价标签 total_label，用于显示已选菜单的总价；

(13)运行主循环，启动程序的图形界面。

8.3　综合案例

使用 Tkinter 设计一个简单的“连连看”游戏。在这个游戏中，通过点击相同图标的 2 个方块来消除它们，直到所有方块都被消除。

(1)导入必要的库　Tkinter 库是 Python 的标准 GUI 库，用于创建窗口、按钮等 GUI 元素。random 库用于随机打乱图标的排列。

(2)创建 LinkGame 类　这个类封装了整个游戏。

(3)初始化方法 __init__，root 是程序的主窗口，rows 和 cols 分别表示游戏板的行数和列数，默认为 4×4。

(4)创建主窗口和游戏板　创建主窗口并设置标题，创建游戏界面，调用 create_widgets 方法来创建游戏的图形界面。

(5)创建图形界面的方法　create_widgets。

(6)创建一个 Canvas 组件,用于显示游戏板　创建游戏板上的按钮,并将它们添加到 Canvas 上。创建"重新开始"按钮,用于重新开始游戏,游戏初始化方法 setup_game。

(7)清空选中的按钮,随机打乱图标的排列　更新按钮,随机打乱图标排列。

(8)从图标列表中获取一定数量的图标,并随机排列它们,然后将它们填充到游戏板中,更新按钮。

(9)根据游戏状态更新按钮的文本和状态。

(10)处理按钮点击事件,当用户点击按钮时调用　如果 2 个按钮被选中,检查它们是否相同并且是否有可通行的路径。如果是相同的图标且路径通畅,消除这 2 个按钮;如果所有按钮都被消除,显示胜利消息。

(11)清除选中的按钮,并更新按钮状态。

(12)检查路径是否通畅　def is_path_clear(self, r1, c1, r2, c2)检查 2 个按钮之间是否有可通行的路径,用于验证是否可以连接这 2 个按钮。

(13)检查是否胜利　检查游戏是否胜利,即所有按钮都被消除,显示胜利消息,在游戏胜利时显示一个消息框。

(14)启动游戏。

完整的代码如下:

```
import tkinter as tk
import tkinter.messagebox as msg
import random

def setup_game():
    # 初始化游戏状态
    for row in range(rows):
        for col in range(cols):
            grid_buttons[row][col].config(text = "", state = "active", bg =
"SystemButtonFace")

    selected.clear()
    shuffle_icons()
    update_buttons()

def shuffle_icons():
    # 洗牌,将图标随机分配到游戏板上
    icons = icons_base * (rows * cols // len(icons_base) + 1)
    random.shuffle(icons[:rows * cols])
    global board
    board = [[icons.pop() for _ in range(cols)] for _ in range(rows)]

def update_buttons():
    # 更新按钮状态,显示图标或禁用已匹配的按钮
    for row in range(rows):
```

```
        for col in range(cols):
            button = grid_buttons[row][col]
            if button.cget("bg") == "yellow": continue
            if (row, col) in selected:
                button.config(text = board[row][col])
            else:
                button.config(text = "", state = "active")

def on_button_click(row, col):
    if len(selected) == 2 :return
    if (row, col) in selected: return
    selected.append((row, col))
    update_buttons()

    if len(selected) == 2:
        r1, c1 = selected[0]
        r2, c2 = selected[1]
        if board[r1][c1] == board[r2][c2] and is_path_clear(r1, c1, r2, c2):
            selected.clear()
            grid_buttons[r1][c1].config(state = "disabled")
            grid_buttons[r2][c2].config(state = "disabled")
            grid_buttons[r1][c1].config(bg = 'yellow')
                                                    # 将按钮的背景色设为红色
            grid_buttons[r2][c2].config(bg = 'yellow')
                                                    # 将按钮的背景色设为红色
            board[r1][c1] = board[r2][c2] = ""
            if check_win():
                show_win_message()
        else:
            root.after(1000, clear_selection)

def clear_selection():
    # 清空选择,恢复按钮状态
    selected.clear()
    update_buttons()

def is_path_clear(r1, c1, r2, c2):
    # 检查2个按钮之间是否有障碍物
    if r1 == r2:
        if c1 <c2:
```

综合案例

```
            return all(board[r1][c] == "" for c in range(c1 + 1, c2))
        else:
            return all(board[r1][c] == "" for c in range(c2 + 1, c1))
    elif c1 == c2:
        if r1 < r2:
            return all(board[r][c1] == "" for r in range(r1 + 1, r2))
        else:
            return all(board[r][c1] == "" for r in range(r2 + 1, r1))
    else:
        return False

def check_win():
    # 检查是否所有按钮都已匹配
    return all(all(cell == "" for cell in row) for row in board)

def show_win_message():
    # 弹出胜利提示框
    msg.showinfo("恭喜", "你赢了!")

if __name__ == "__main__":
    root = tk.Tk()

    rows, cols = 4, 4
    icons_base = ["🐱", "🐼", "🐯", "🐵"]
    board = []
    selected = []
    grid_buttons = []

    root.title("连连看游戏")
    canvas = tk.Canvas(root, width=300, height=300)
    canvas.pack()

    for row in range(rows):
        row_buttons = []
        for col in range(cols):
            x1, y1 = col * 75, row * 75
            x2, y2 = x1 + 75, y1 + 75
            button = tk.Button(canvas, text="", width=3, height=1,
                               command=lambda r=row, c=col: on_button_
                               click(r, c))
            canvas.create_window((x1 + x2) / 2, (y1 + y2) / 2, window=button)
            row_buttons.append(button)
```

```
            print(button.cget("bg"))
        grid_buttons.append(row_buttons)

    reset_button = tk.Button(root, text = "重新开始", command = setup_game)
    reset_button.pack()

    setup_game()
    root.mainloop()
```

程序运行效果如图 8-7 所示。

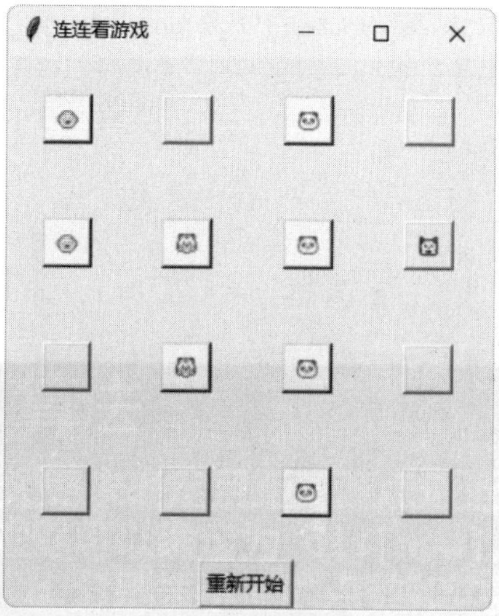

图 8-7　连连看游戏界面

每个按钮都隐藏着一个图案，点击按钮会显示该按钮的图案，如果连续点击的 2 个按钮显示的图案相同，且同行或同列上没有隐藏的按钮在它们中间，则这 2 个按钮将变成黄色，且不再隐藏。如果不满足前面的条件，则 1 s 之后，2 个按钮将同时再变回隐藏状态。这个游戏的目的就是将所有的按钮图案显示出来。

习　题

1. 分别使用 Tkinter、PyQt、wxPython、Kivy 在窗口中显示文字"你好，世界"，体会不同方法得到的界面特点。

2. 使用 Tkinter 库编写一个猜数游戏。这个游戏的规则是：

(1)玩家可以根据随机生成的秘密数字猜测。

(2)游戏会提供反馈，告诉玩家他们猜测的数字是太大还是太小。

(3)游戏会记录玩家的猜测次数，并在猜中后显示。

(4)玩家可以选择重新开始游戏。

(5)游戏窗口有退出按钮，可以随时退出游戏。

参考界面如图 8-8 所示。

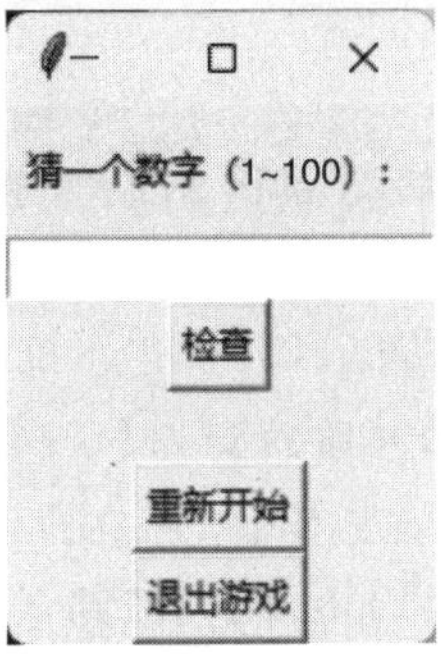

图 8-8　参考界面

第9章 综合应用——数据分析

【学习目标】

(1)了解科学计算和大数据分析。

(2)掌握NumPy、Scipy、Pandas、Matplotlib库在科学计算和数据分析中的使用。

9.1 科学计算和大数据分析简介

科学计算和大数据分析是当今信息时代中极为重要的领域。随着计算机技术的迅速发展,科学家和研究人员能够处理和分析比以往任何时候都要大得多的数据集,从而带来了许多新的机会和挑战。

科学计算是指使用计算机和数学方法来解决科学和工程领域中的复杂问题。它结合了数值分析、算法开发、模拟和建模技术,以及高性能计算等方面的知识。科学计算可以帮助科学家们模拟和预测自然现象,优化设计和工程过程,并从大量的实验数据中提取有用的信息。

而大数据分析则专注于处理和分析庞大的数据集,以发现隐藏在其中的模式、趋势和关联。大数据分析利用统计学、数据挖掘、机器学习和人工智能等技术,从结构化和非结构化数据中提取有价值的信息。通过深入分析数据,企业、研究机构和政府等可以作出更明智的决策,并发现新的商机和竞争优势。

科学计算和大数据分析的应用范围非常广泛。在科学研究领域,它们可以帮助天文学家模拟宇宙演化、帮助生物学家分析基因组数据、帮助气象学家预测天气变化等;在工程和制造领域,科学计算和大数据分析可以优化产品设计、改进生产过程,并提高质量和效率;在金融和市场领域,它们可以用于风险管理、股市预测和消费者行为分析。此外,医疗保健、能源、交通等领域也可以通过科学计算和大数据分析获得巨大的好处。

要进行科学计算和大数据分析,需要结合计算机科学、数学和相关学科的知识。编程语言如Python、R和MATLAB等被广泛用于科学计算和数据分析任务。此外,使用高性能计算集群和云计算平台,可以处理和分析大规模的数据集。

9.2 Numpy库的使用

NumPy(Numerical Python)是Python中一个开源的数值计算库,它提供了高效的多维数组对象和各种用于数组操作的工具。NumPy是科学计算和数据分析领域的核心库,许多其他库都依赖于它。

如果没有安装过NumPy库,需要先安装,在命令行中执行以下命令可以通过pip安装

NumPy 库：

```
pip install numpy
```

安装完成后，可以在 Python 脚本或交互式环境中导入 NumPy 库使用它。

下面是 NumPy 库的一些常见用法和功能。

· 数组创建：NumPy 的核心对象是 ndarray，它表示多维数组。可以使用 numpy.array 函数从 Python 列表、元组或其他数组创建 ndarray 对象。

· 数组操作：NumPy 提供了丰富的数组操作功能，如索引、切片、形状操作、元素级运算等。可以对数组进行基本运算，如加法、减法、乘法、除法等。

· 数组属性：可以使用 ndarray 对象的属性来获取数组的形状、维度、数据类型等信息。例如，使用 ndarray.shape 属性获取数组的形状，使用 ndarray.dtype 属性获取数组的数据类型。

· 数组计算：NumPy 提供了许多用于数组计算的函数，如求和、平均值、最大值、最小值、标准差等。这些函数可以按照不同的维度对数组进行计算。

· 数组广播：NumPy 的广播功能使不同形状的数组可以进行元素级的操作。它通过自动调整数组的形状使其兼容，以便进行元素级的运算。

· 数组排序：NumPy 提供了多种排序函数，如 numpy.sort 用于对数组进行排序，numpy.argsort 返回排序后的索引。

· 线性代数：NumPy 提供了线性代数相关的函数，如矩阵乘法、求逆、特征值分解、奇异值分解等。

· 随机数生成：NumPy 提供了随机数生成函数，如均匀分布、正态分布、随机整数等。

· 文件操作：NumPy 可以读取和写入二进制文件、文本文件以及 CSV 文件。

· 科学计算：NumPy 还与其他科学计算库(如 Scipy、Matplotlib)紧密集成，提供了丰富的科学计算和数据可视化功能。

以下是使用 NumPy 库进行数据处理和数值计算的一般步骤。

导入库：

```
import numpy as np
```

创建数组：

使用 NumPy 的 array 函数创建数组，可以从列表、元组、ndarray 对象等多种方式创建数组。

```
arr = np.array([1, 2, 3, 4, 5])  # 从列表创建一维数组
```

数组属性：

使用一些常用的属性来了解数组的形状、大小和数据类型等信息。

```
arr.shape  # 数组形状
arr.size  # 数组元素个数
arr.dtype  # 数组数据类型
```

数组运算：
使用 NumPy 提供的函数和操作符进行数组运算，包括数学运算、逻辑运算、统计运算等。

```
np.sum(arr)  # 计算数组元素的总和
np.mean(arr)  # 计算数组元素的平均值
np.max(arr)  # 找到数组中的最大值
np.sort(arr)  # 对数组进行排序
```

数组索引和切片：
使用索引和切片操作来访问数组中的元素和子数组。

```
arr[0]  # 访问数组的第一个元素
arr[1:4]  # 获取数组的子数组
arr[:, 1]  # 获取数组的第二列
```

数组形状变换：
使用 NumPy 提供的函数来改变数组的形状，如重塑数组、转置数组等。

```
arr.reshape((2, 3))  # 重塑数组为 2 行 3 列
arr.transpose()  # 转置数组
```

广播和向量化操作：
利用 NumPy 的广播特性和向量化操作，可以进行元素级的运算和操作，避免使用循环。

```
arr1 + arr2  # 数组相加
arr1 * 2  # 数组乘以标量
```

NumPy 还提供了许多高级功能，如随机数生成、线性代数运算、傅里叶变换等，可根据需求进一步探索。

使用 NumPy 库可以高效地处理和操作大型数据集，进行向量化计算，从而提高代码的执行效率。它为科学计算、数据分析和机器学习等领域提供了强大的数值计算能力。

NumPy 库在数据处理、科学计算、机器学习、图像处理等领域广泛应用。它提供了高效的数组操作和数值计算功能，使处理大规模数据和执行复杂数学运算变得更加简单和高效。

【例 9-1】 矩阵计算——使用 NumPy 进行矩阵乘法和求解线性方程组。

首先定义 2 个 3×3 的矩阵 A 和 B，演示两矩阵相乘，

$$\begin{bmatrix}1 & 2 & 3\\4 & 5 & 6\\7 & 8 & 9\end{bmatrix}\times\begin{bmatrix}2 & 0 & 1\\1 & 2 & 3\\3 & 1 & 2\end{bmatrix}$$

再定义一个列向量 C，利用矩阵 B 和列向量 C 演示求解方程组，

$$\begin{cases}2x + z = 1\\x + 2y + 3z = 2\\3x + y + 2z = 3\end{cases}$$

完整代码如下：

```
import numpy as np
# 定义矩阵
A = np.array([[1, 2, 3], [4, 5, 6], [7, 8, 9]])
B = np.array([[2, 0, 1], [1, 2, 3], [3, 1, 2]])
C = np.array([1, 2, 3])

# 矩阵乘法
result1 = np.dot(A, B)
print("矩阵乘法结果:")
print(result1)

# 解线性方程组
result2 = np.linalg.solve(B, C)
print("线性方程组的解:")
print(result2)
```

矩阵计算

程序运行结果如下：

```
矩阵乘法结果:
[[13  7 13]
[31 16 31]
[49 25 49]]
线性方程组的解:
[ 1.  2. -1.]
```

在这个例子中，首先使用 np. array()函数创建了 2 个二维数组 A 和 B，分别表示 2 个矩阵。然后，使用 np. dot()函数进行矩阵乘法运算，得到了结果 result1。接下来，使用 np. linalg. solve()函数解了 1 个线性方程组，得到了结果 result2。

NumPy 库在矩阵运算和线性代数计算方面功能强大。NumPy 提供了许多高效的函数和方法，可以进行矩阵乘法、转置、逆运算、特征值分解等各种常见的线性代数计算，方便了科学计算和数据分析中的复杂数学运算任务。

9.3 Scipy 库的使用

Scipy 是一个基于 NumPy 的开源科学计算库，提供了许多用于数值计算、优化、插值、统计分析、图像处理、信号处理等领域的功能。

使用 Scipy 库时，通常会结合 NumPy 库一起使用，因为 Scipy 是建立在 NumPy 之上的，可以使用 NumPy 数组作为输入和输出。因此，在使用 Scipy 之前，要确保已经安装了 NumPy 库。

使用 pip 进行安装：在命令行中执行以下命令可以通过 pip 安装 Scipy 库。

```
pip install scipy
```

常用模块和功能如下：

- scipy.integrate　提供数值积分和常微分方程求解等功能。
- scipy.optimize　提供最优化和非线性方程求解等功能。
- scipy.interpolate　提供插值和拟合等功能。
- scipy.stats　提供统计分析和概率分布等功能。
- scipy.linalg　提供线性代数运算和矩阵分解等功能。
- scipy.signal　提供信号处理和滤波等功能。
- scipy.fftpack　提供快速傅里叶变换等功能。

以下是使用 Scipy 库进行科学计算的一般例子：

- 导入库。

```
import numpy as np
import scipy as sp
```

Scipy 库提供了许多科学计算功能，如优化、插值、信号处理、统计分析等。可以根据需求导入相应的子模块进行使用。

```
from scipy import optimize
from scipy import interpolate
from scipy import signal
from scipy import stats
```

- 数值优化。

使用 Scipy 的优化模块可以进行数值优化，包括最小化和最大化问题。

```
result = optimize.minimize(func, x0)  # 最小化问题
```

- 插值。

Scipy 的插值模块提供了各种插值方法，可以对数据进行插值处理。

```
f = interpolate.interp1d(x, y, kind='cubic')  # 一维插值
```

- 信号处理。

使用 Scipy 的信号处理模块可以进行信号滤波、频谱分析、图像处理等操作。

```
filtered_signal = signal.lfilter(b, a, signal)  # 信号滤波
```

- 统计分析。

Scipy 的统计模块提供了许多统计分析方法，如假设检验、概率分布、描述统计等。

```
result = stats.ttest_ind(sample1, sample2)  # t 检验
```

· 线性代数。

Scipy 的线性代数模块提供了线性代数运算和求解线性方程组的功能。

```
result = stats.ttest_ind(sample1, sample2)  # t 检验
```

Scipy 还包含许多其他功能，如图像处理、数值积分、快速傅里叶变换等，可根据需要进一步探索。

【例 9-2】 数值积分和常微分方程——使用 Scipy 库对 $f(x) = \sin(x)$ 函数进行数值积分和对常微分方程 $d_y = -2y$ 求解。

首先使用 quad() 函数进行数值积分，对函数 $f(x) = \sin(x)$ 在区间 $[0, \pi]$ 上进行积分。然后使用 odeint() 函数对常微分方程进行求解，其中常微分方程由函数 $d_y = -2y$ 定义。最后使用 Matplotlib 库绘制常微分方程的解 y 随时间 t 的变化图像。

完整代码如下：

```
import numpy as np
from scipy.integrate import quad, odeint
import matplotlib.pyplot as plt
# 定义被积函数
def f(x):
    return np.sin(x)
# 进行数值积分
result, error = quad(f, 0, np.pi)
# 输出积分结果
print("数值积分结果:", result)
# 定义常微分方程
def model(y, t):
    return -2 * y
# 初始条件
y0 = 1
# 时间点
t = np.linspace(0, 5, 100)
# 求解常微分方程
y = odeint(model, y0, t)
# 绘制结果
plt.figure()
plt.plot(t, y)
plt.xlabel('Time')
```

数值积分和常微分方程

```
plt.ylabel('y')
plt.title('Solution of Ordinary Differential Equation')
plt.show()
```

程序运行结果如下：

```
数值积分结果：2.0
```

同时会弹出如图 9-1 所示绘图窗口。

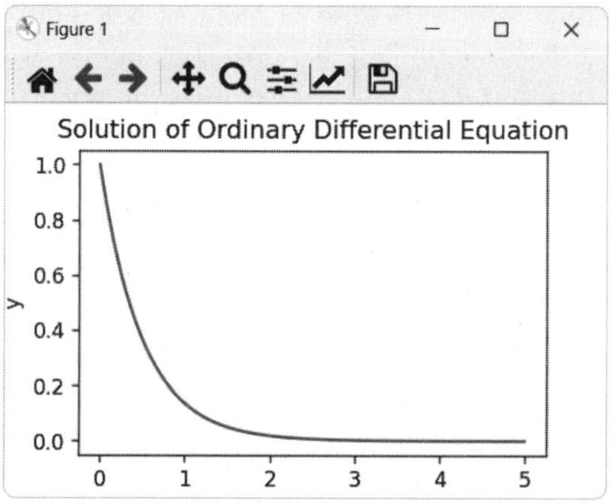

图 9-1　常微分方程解

例子展示了 Scipy 库在数值积分和常微分方程求解方面的应用。Scipy 提供了各种数值积分方法和常微分方程求解器，能够帮助求解各种数学问题和物理问题中的运动方程。在科学计算、物理学、工程学等领域，Scipy 是一个强大的工具，可以帮助进行数值计算和模拟实验。

在这个例子中，如果没有安装 Matplotlib 库，在运行程序前需要使用如下命令安装：

```
pip install matplotlib
```

Matplotlib 默认情况不支持中文，可以通过下载和加载中文字库的方法来解决，本书不作详述。

【例 9-3】 概率分布——使用 Scipy 库进行统计分析数据集的概率分布和进行假设检验。

首先生成一组随机数据，然后使用 np. mean()和 np. std()计算数据的均值和标准差。接着使用 stats. norm. fit()对数据进行正态分布拟合，得到拟合的均值和标准差。还使用 stats. norm. pdf()计算数据的概率密度函数(PDF)。

除此之外，还进行了假设检验，使用 stats. ttest_1samp()对数据进行单样本 t 检验，计算 t 统计量和 p 值。

最后使用 Matplotlib 库绘制了数据的直方图，并将拟合的概率密度函数与其进行对比。

完整代码如下：

```
import numpy as np
from scipy import stats
import matplotlib.pyplot as plt

# 生成一组随机数据
data = np.random.normal(loc=0, scale=1, size=100)

# 计算数据的均值和标准差
mean = np.mean(data)
std = np.std(data)

# 使用 Scipy 库进行正态分布拟合
mu, sigma = stats.norm.fit(data)

# 计算数据的概率密度函数(PDF)
x = np.linspace(-3, 3, 100)
pdf = stats.norm.pdf(x, mu, sigma)

# 进行假设检验
t_stat, p_value = stats.ttest_1samp(data, 0)

# 输出结果
print("数据均值:", mean)
print("数据标准差:", std)
print("正态分布拟合结果:均值 =", mu, "标准差 =", sigma)
print("假设检验结果:t 统计量 =", t_stat, "p 值 =", p_value)

# 绘制数据的直方图和拟合的概率密度函数
plt.figure()
plt.hist(data, bins=10, density=True, alpha=0.5, label='Data')
plt.plot(x, pdf, color='r', label='Fitted PDF')
plt.xlabel('Value')
plt.ylabel('Density')
plt.title('Histogram with Fitted Normal Distribution')
plt.legend()
plt.show()
```

概率分布

程序运行结果如下：

```
数据均值: -0.09823438333901877
数据标准差: 0.8726398636222414
正态分布拟合结果:均值 = -0.09823438333901877 标准差 = 0.8726398636222414
假设检验结果:t 统计量 = -1.120072338988988 p 值 = 0.26539288493230273
```

同时会弹出如图 9-2 所示绘图窗口。

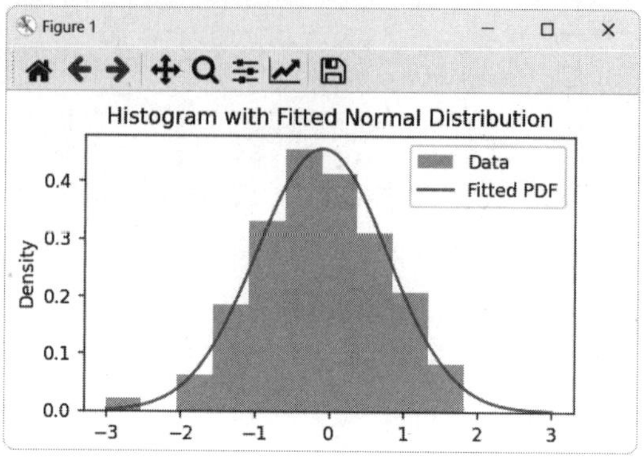

图 9-2　直方图和拟合的概率密度函数对比

这个例子展示了 Scipy 库在统计分析和概率分布方面的应用。Scipy 提供了丰富的统计函数和概率分布函数,能够帮助进行数据的描述性统计分析、概率分布拟合和假设检验等任务。在数据科学、统计学和实验设计等领域,Scipy 是一个重要的工具,可以帮助进行数据分析和推断统计。

9.4　Pandas 库的使用

Pandas 库是一个基于 NumPy 库的开源数据分析和处理库,提供了丰富的数据结构和函数,用于快速处理和分析结构化数据。

在使用 Pandas 库之前,需要先安装 NumPy 库,因为 Pandas 库是基于 NumPy 库构建的,并且使用 NumPy 数组来存储和处理数据。确保已经安装了 NumPy 库并正确导入,然后再导入 Pandas 库进行数据分析和处理。

在命令行中执行以下命令可以通过 pip 安装 Pandas 库。

```
pip install pandas
```

以下是 Pandas 库的核心数据结构:

- Series　一维标签化数组,类似于带有标签的 NumPy 数组。
- DataFrame　二维表格结构,用于存储和操作结构化数据,类似于 SQL 表或 Excel 表格。
- Index　用于标识 Series 和 DataFrame 中的行或列的标签数组。

以下是 Pandas 库的常用功能:

- 数据读取和写入　支持从多种数据源(如 CSV、Excel、数据库等)读取数据,并将数据写入这些格式。
- 数据选择和操作　可以根据标签或位置选择数据,对数据进行切片、过滤、排序、合并、分组等操作。
- 数据处理和转换　提供丰富的函数和方法用于处理和转换数据,包括缺失值处理、数据类型转换、重复值处理、数据归一化等。

· 数据分析和统计　支持各种统计分析和聚合操作，包括描述性统计、数据透视表、分组计算、时间序列分析等。

· 数据可视化　集成了 Matplotlib 库，可以方便地进行数据可视化和绘图操作。

以下是 Pandas 库的常用操作：

· 导入库。

```
import pandas as pd
```

· 数据加载。

将数据加载到 Pandas 的数据结构中，最常见的是 DataFrame。用户可以从各种数据源加载数据，如 CSV 文件、Excel 文件、数据库等。

```
df = pd.read_csv('data.csv')  # 从 CSV 文件加载数据
```

· 数据查看。

使用一些常用的方法来查看数据的前几行、统计信息和数据结构。

```
df.head()  # 查看前几行数据
df.info()  # 查看数据结构和数据类型
df.describe()  # 查看统计信息
```

· 数据清洗和处理。

对数据进行清洗、转换和处理，如删除缺失值、重复值，修改数据类型，进行排序和过滤等操作。

```
df.dropna()  # 删除缺失值
df.drop_duplicates()  # 删除重复值
df['column'] = df['column'].astype(int)  # 修改数据类型
df.sort_values('column')  # 按列排序
df[df['column'] > 10]  # 过滤数据
```

· 数据分析和操作。

使用 Pandas 提供的函数和方法进行数据分析，如计算统计量、聚合操作、分组操作等。

```
df.mean()  # 计算平均值
df.groupby('column').sum()  # 按列进行分组并求和
df['column'].value_counts()  # 计算唯一值的频次
```

· 数据可视化。

Pandas 可以与 Matplotlib 或其他绘图库结合使用，以便进行数据可视化和图形展示。

```
df.plot(x='column1', y='column2')  # 绘制折线图
df.plot.scatter(x='column1', y='column2')  # 绘制散点图
df.plot.bar(x='column1', y='column2')  # 绘制条形图
```

Pandas 提供了丰富的数据操作和处理功能,使用户能够更轻松地处理和分析数据。它具有灵活的索引和标签功能,可以方便地对数据进行筛选、切片和合并。此外,Pandas 还支持时间序列数据处理、缺失值处理、数据透视表等高级功能。

通过结合 Pandas 与其他库(如 NumPy 和 Matplotlib),用户可以更全面地进行数据处理、分析和可视化,从而帮助用户更好地理解和利用数据。

这些只是 Pandas 库的一些常用功能,Pandas 还提供了更多高级功能和方法,可以根据具体的需求进行学习和使用。Pandas 具有详细的文档和示例代码,可以参考 Pandas 官方文档来了解更多细节和用法。

【例 9-4】 销售统计——假设有一个销售数据集,其中包含了销售日期、产品名称、销售数量和销售金额等信息。想要对该数据集进行清洗和分析,以获取有关销售情况的统计信息。

提供的数据如表 9-1 所示。

表 9-1 “sales_data.csv”文件提供的数据内容

sales_date	product_name	sales_price	sales_quantity	sales_amount
2022/1/1	红牛饮料	10	100	1000
2022/1/1	矿泉水	2	150	300
2022/1/1	可乐	3	50	150
2022/2/2	红牛饮料	10	120	1200
2022/2/2	矿泉水	2	130	260
2022/2/2	橙汁	5	40	200
2022/3/2	啤酒	8	30	240
2022/3/3	红牛饮料	10	90	900
2022/3/3	矿泉水	2	110	220
2022/3/3	可乐	3	20	60
2022/4/3	橙汁	5	60	300
2022/4/3	啤酒	8	40	320
2022/4/4	红牛饮料	10	80	800
2022/5/4	矿泉水	2	100	200
2022/5/4	可乐	3	70	210
2022/5/4	橙汁	5	30	150
2022/5/4	啤酒	8	50	400
2022/6/5	红牛饮料	10	110	1100
2022/6/5	矿泉水	2	120	240

续表 9-1

sales_date	product_name	sales_price	sales_quantity	sales_amount
2022/6/5	可乐	3	90	270
2022/6/5	橙汁	5	50	250
2022/6/5	啤酒	8	60	480

首先，使用 pd.read_csv()函数读取销售数据集，并使用 df.head()查看数据集的前几行，以了解数据的结构。接着，使用 df.info()查看数据集的基本信息，包括列的名称和数据类型。

然后，对数据进行清洗操作。使用 df.dropna()删除含有缺失值的行，确保数据的完整性。使用 pd.to_datetime()将销售日期列转换为日期类型，以便后续的时间序列分析。

接下来，使用 groupby()函数对数据进行分组，计算每个产品的总销售数量和总销售金额。使用 resample()函数按月对数据进行重采样，计算每个月的总销售数量和总销售金额。

最后，输出每个产品的销售情况和每个月的销售情况，并使用 Matplotlib 库绘制销售趋势图。

完整代码如下：

```
import pandas as pd
import matplotlib.pyplot as plt
# 读取销售数据集
df = pd.read_csv('sales_data.csv')
# 查看数据集的前几行
print(df.head())
# 清洗数据
# 删除缺失值
df.dropna(inplace = True)
# 将销售日期转换为日期类型
df['sales_date'] = pd.to_datetime(df['sales_date'])
# 计算每个产品的总销售数量和总销售金额
product_sales = df.groupby('product_name').agg({'sales_quantity': 'sum', 'sales_amount': 'sum'})
# 计算每个月的总销售数量和总销售金额
monthly_sales = df.resample('M', on = 'sales_date').agg({'sales_quantity': 'sum', 'sales_amount': 'sum'})
# 输出结果
print("每个产品的销售情况：")
print(product_sales)
print("\n每个月的销售情况：")
print(monthly_sales)
```

销售统计

```
#绘制销售趋势图
monthly_sales.plot(kind = 'line', y = 'sales_amount', marker = 'o')
plt.xlabel('Month')
plt.ylabel('Sales Amount')
plt.title('Monthly Sales Trend')
plt.show()
```

程序运行结果如下：

```
   sales_date   product_name  sales_price  sales_quantity  sales_amount
0  2022/1/1       红牛饮料         10           100            1000
1  2022/1/1       矿泉水           2            150            300
2  2022/1/1       可乐             3            50             150
3  2022/2/2       红牛饮料         10           120            1200
4  2022/2/2       矿泉水           2            130            260
每个产品的销售情况：
                 sales_quantity  sales_amount
product_name
可乐                  230           690
啤酒                  180           1440
橙汁                  180           900
矿泉水                610           1220
红牛饮料              500           5000
每个月的销售情况：
                 sales_quantity  sales_amount
sales_date
2022-01-31            300           1450
2022-02-28            290           1660
2022-03-31            250           1420
2022-04-30            180           1420
2022-05-31            250           960
2022-06-30            430           2340
```

同时弹出窗口显示每个月的销售情况的图表，如图 9-3 所示。

这个例子展示了 Pandas 库在数据清洗和数据分析方面的应用。Pandas 提供了丰富的数据结构和数据处理功能，可以帮助用户进行数据的清洗、转换、聚合和分析等任务。在数据科学、商业分析和金融领域，Pandas 是一个非常常用的工具，它能够帮助处理和分析大规模的数据集。

除了以上的例子外，Pandas 还提供了丰富的功能，如数据过滤、排序、合并、重塑、透视表、数据可视化等。它还支持读取和写入各种数据格式，如 CSV、Excel、SQL 数据库等，使数据的

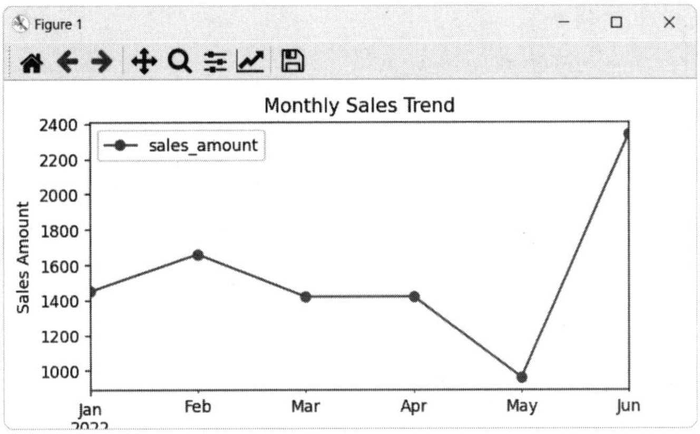

图 9-3　销售趋势图

导入和导出变得非常方便。

【例 9-5】　数据查询与分析——假设有一个存储了销售数据的 MySQL 数据库，其中包含了产品信息、销售日期、销售数量和销售金额等字段。想要使用 Pandas 连接到 MySQL 数据库，导入数据到 DataFrame 对象中，并进行数据查询和分析。

提供的数据与表 9-1 的相同，不同的是数据存放在数据库 sales_db 的表 sales_data 中。

首先使用 sqlalchemy 库建立与 MySQL 数据库的连接，提供相应的主机名、用户名、密码和数据库名。然后，使用 pd.read_sql()函数执行 SQL 查询，将查询结果导入 Pandas 的 DataFrame 对象中。

接下来，可以对 DataFrame 对象进行各种数据处理和分析操作，例如，将销售日期列转换为日期类型、计算总销售额等。

最后，使用 groupby()函数按产品进行分组，并使用 sum()函数计算每个产品的总销售额，然后使用 nlargest()函数选择前几个最畅销的产品。

程序中使用了 sqlalchemy 库，需要使用如下命令安装：

```
pip install sqlalchemy
```

完整代码如下：

数据查询与分析

```
import pandas as pd
from sqlalchemy import create_engine
# 建立与 MySQL 数据库的连接
MYSQL_HOST = 'localhost'
MYSQL_PORT = '3306'
MYSQL_USER = 'user'
MYSQL_PASSWORD = 'password'
MYSQL_DB = 'sales_db'
engine = create_engine('mysql+pymysql://%s:%s@%s:%s/%s?charset=utf8'
 % (MYSQL_USER, MYSQL_PASSWORD, MYSQL_HOST, MYSQL_PORT, MYSQL_DB))
```

```
    # 从 MySQL 数据库读取数据
    query = "SELECT * FROM sales_data"
    df = pd.read_sql(query, engine)
    # 数据处理和分析
    df['sales_date'] = pd.to_datetime(df['sales_date'])
                                                    # 将销售日期列转换为日期类型
    df['sales_amount'] = df['sales_quantity'] * df['sales_price']  # 计算总销售额
    # 查询数据
    top_selling_products = df.groupby('product_name')['sales_amount'].sum().
nlargest(5)
    # 输出结果
    print("最畅销的产品:")
    print(top_selling_products)
```

程序运行结果如下：

```
最畅销的产品:
product_name
红牛饮料      5000
啤酒          1440
矿泉水        1220
橙汁           900
可乐           690
Name: sales_amount, dtype: int64
```

运行代码前，请自行安装 mysql server 软件，用户名设为 user，密码设为 password，如果用户名或密码设置不同，则需要相应的修改程序中 MYSQL_USER 和 MYSQL_PASSWORD 的值。另外安装 mysql 管理工具，通过管理工具创建 mysql 数据库，取名为 sales_db。然后，导入并执行本书资料包中的 sales_db. sql 文档，即可自动创建 sales_data 表，并导入表 9-1 中的数据。

通过上例代码，可以方便地连接到 MySQL 数据库，导入数据到 Pandas 的 DataFrame 对象中，并进行各种数据处理、查询和分析操作。Pandas 提供了强大的功能和灵活的数据操作工具，使得处理 MySQL 数据变得更加便捷和高效。

9.5 Matplotlib 库的使用

Matplotlib 库是一个用于创建图形和绘制数据可视化的 Python 库。它可以用于创建各种类型的图表从简单的折线图和散点图到复杂的 3D 图形。

在命令行中执行以下命令可以通过 pip 安装 Matplotlib 库。

```
pip install matplotlib
```

以下是常用绘图功能：

折线图。使用 plt.plot()函数绘制折线图，可以设置线条样式、颜色、标签等。

散点图。使用 plt.scatter()函数绘制散点图，可以设置点的大小、颜色、标签等。

条形图。使用 plt.bar()函数绘制条形图，可以设置条形的高度、宽度、颜色、标签等。

饼图。使用 plt.pie()函数绘制饼图，可以设置扇区的大小、颜色、标签等。

直方图。使用 plt.hist()函数绘制直方图，可以设置分组的边界、颜色、标签等。

箱线图。使用 plt.boxplot()函数绘制箱线图，可以展示数据的分布和离群值。

3D 绘图。使用 mpl_toolkits.mplot3d 库进行三维绘图，可以绘制三维曲线、散点图、表面图等。

Matplotlib 还提供了丰富的配置选项，可以调整图形的大小、颜色、字体、坐标轴等属性，以及添加标题、图例、注释等。此外，Matplotlib 还支持多个子图的绘制和布局，可以创建复杂的图形组合。

以下是使用 Matplotlib 库进行数据可视化的一般步骤：

(1)导入库。

```
import matplotlib.pyplot as plt
```

(2)创建图形和坐标轴。

```
fig, ax = plt.subplots()
```

(3)绘制图形　使用 ax 对象调用绘图函数，示例如下。

```
ax.plot(x, y)  # 绘制折线图
ax.scatter(x, y)  # 绘制散点图
ax.bar(x, y)  # 绘制条形图
ax.pie(data, labels=labels)  # 绘制饼图
```

(4)设置图形属性　可以设置标题、坐标轴标签、图例、颜色等属性，示例如下。

```
ax.set_title("Title")
ax.set_xlabel("X Label")
ax.set_ylabel("Y Label")
ax.legend()
```

(5)显示图形。

```
plt.show()
```

此外，Matplotlib 还提供了丰富的配置选项，可以进一步调整图形的外观和样式。可以设

置线条样式、颜色、点的大小、填充色等。可以调整坐标轴的范围、刻度、标签等。还可以添加注释、图例、网格等。Matplotlib 具有详细的文档和示例代码，可以参考 Matplotlib 官方文档来了解更多细节和用法。

Matplotlib 的优点是它的灵活性和可定制性，可以根据需要创建各种类型和风格的图形。它还有庞大的用户社区，提供了大量的示例代码和文档，可以帮助您解决绘图问题和学习更高级的功能。

Matplotlib 也可以与其他库（如 NumPy 和 Pandas）结合使用，从而实现更方便地处理和可视化数据。

9.6 综合案例

应用 NumPy、SciPy、Pandas 和 Matplotlib 库进行股票数据分析和可视化。假设有一个包含股票历史数据的 Excel 文件，其中包括日期、开盘价、收盘价、最高价、最低价和交易量等字段，如表 9-2 所示。

表 9-2 "stock_data.xlsx"文件提供的部分数据内容

日期	开盘价	收盘价	最高价	最低价	交易量
2023/8/1	106	114	120	97	32662
2023/8/2	119	118	123	99	18392
...	...	...	...	...	...
2023/8/30	115	114	121	99	10206
2023/8/31	114	102	124	98	31518

stock_data.xlsx 文件中包含日期、开盘价、收盘价、最高价、最低价和交易量等字段，并按照日期顺序排列。需要将其放在与 Python 代码文档相同的目录下，这样程序才能够读取到文件数据。

Pandas 从 Excel 文档中读取数据需要安装 openpyxl 库，如果没有，可以使用如下命令进行安装：

```
pip install openpyxl
```

程序使用 SciPy 进行股票数据分析，最后使用 Matplotlib 进行数据可视化。

完整的代码如下：

```
import numpy as np
import pandas as pd
import matplotlib.pyplot as plt
from scipy.signal import argrelextrema

# 从 Excel 中读取数据
data = pd.read_excel('stock_data.xlsx')
```

综合案例

```
# 提取收盘价数据
closing_prices = data['收盘价'].values

# 使用 SciPy 进行峰值和谷值检测
peaks = argrelextrema(closing_prices, np.greater)[0]
valleys = argrelextrema(closing_prices, np.less)[0]

# 绘制股票价格曲线和峰谷点
plt.plot(closing_prices, label = 'Closing Prices')
plt.scatter(peaks, closing_prices[peaks], color = 'r', label = 'Peaks')
plt.scatter(valleys, closing_prices[valleys], color = 'g', label = 'Valleys')
plt.xlabel('Date')
plt.ylabel('Price')
plt.title('Stock Price Analysis')
plt.legend()
plt.show()
```

程序运行结果如图9-4所示。

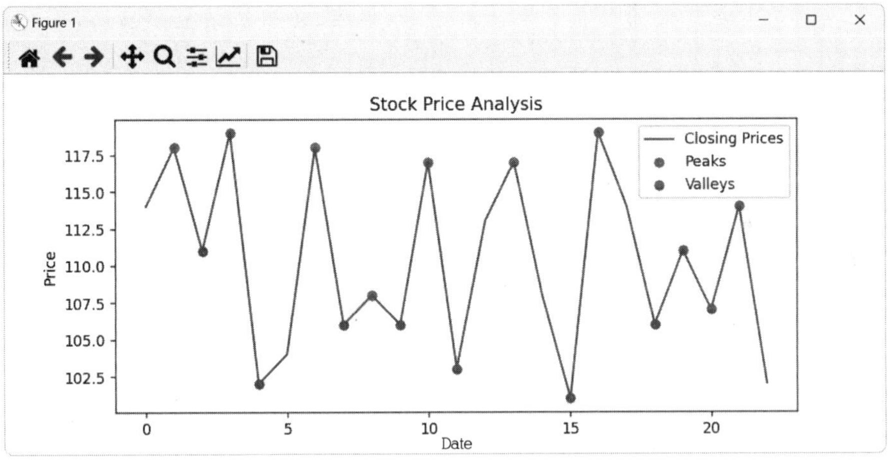

图 9-4　股票价格曲线和峰谷点

上述代码首先使用 Pandas 的 read_excel()函数从 Excel 文件中读取股票数据,并提取出收盘价数据保存在 closing_prices 数组中。

然后,使用 SciPy 的 argrelextrema()函数进行峰值和谷值检测。这个函数可以帮助找到数据中的局部最大值(峰值)和局部最小值(谷值)的位置。

最后,使用 Matplotlib 进行数据可视化。通过 plot()函数绘制股票价格曲线,并使用 scatter()函数在图上标记峰值和谷值点。还可以添加标题、坐标轴标签和图例等。

通过以上的代码,可以使用 NumPy 和 Pandas 从 Excel 中获取股票数据,使用 SciPy 进行数据分析(峰值和谷值检测),最后使用 Matplotlib 进行数据可视化。这个综合应用案例展示了如何将多个 Python 库结合起来进行数据处理、分析和可视化,以便更好地理解和展示股票数据的特征和趋势。

习 题

1. 编程使用 Scipy 库对函数 $f(x) = x^2$ 在 $x \in [1,5]$ 范围内进行数值积分和对常微分方程 $d_y = 2y$ 求解 y 并显示 y 在时间[0,5]范围内的函数图像。

2. 给定学生数据文件，其中包含了学生学号、名称、成绩信息。要对该数据集进行清洗和分析，按 91～100 分、81～90 分、71～80 分、60～70 分、60 分以下 5 个类别分组统计人数，并计算学生成绩的均方差。

3. 在 mysql 数据库 student 中存在表 student_score(表 9-3)，表中字段名称和内容如下：

表 9-3 student_score

学号	姓名	性别	数学	语文	英语
20230101	王明	男	90	50	75
20230102	李曼	女	98	87	90
...	...	...	...	...	...

请编程，将存在科目成绩不及格的学生的学号、姓名、各科成绩显示出来，一行一位学生信息。

(提示，数据库查询命令使用 query = "SELECT*FROM student_score where 数学<60 or 语文<60 or 英语<60")

第 10 章　综合应用——数字图像处理

【学习目标】

(1)了解数字图像和数字图像处理的概念和一般操作。

(2)掌握应用 Pillow 库打开、缩放、保存图片的操作。

(3)掌握应用 OpenCV 库对数字图像进行增强和识别的一般方法。

(4)掌握应用 pyzbar 和 qrcode 库对二维码进行识别和生成。

10.1　数字图像的概念

数字图像是一种由像素组成的数字矩阵,其中每个像素表示图像中一个小区域的亮度和色彩信息。数字图像可以通过数字相机、扫描仪等设备采集得到,也可以由计算机程序生成。数字图像处理技术是数字图像处理领域的核心。数字图像处理技术包括图像采集、预处理、增强、分割、特征提取、识别等一系列操作。

在医学图像中,数字图像可以用于医生对病人进行诊断,如 CT、MRI、X 光片等;在遥感图像中,数字图像可用于获取地球表面信息,如地形、地貌、农田等;在安全监控中,数字图像可以用于监控人员和设备,如监控摄像头、人脸检测等;在艺术设计中,数字图像可以用于创造出各种艺术效果,如图像处理、图像合成等。

Python 语言对数字图像处理有很好的支持,主要得益于以下几个方面:

· PIL/Pillow 库。PIL(Python Imaging Library)是 Python 中用于图像处理的第三方库,Pillow 是 PIL 的一个分支,提供了更加易用和丰富的图像处理功能,支持常见的图像格式,如 JPG、PNG、BMP 等,可以对图像进行裁剪、缩放、旋转、滤镜、颜色调整等操作。

· OpenCV 库。OpenCV 是一个跨平台的开源计算机视觉库,可以在 Python 中调用 OpenCV 进行图像处理和计算机视觉的相关任务,如图像读取、预处理、特征提取、图像匹配、目标检测等。

· Scikit-image 库。Scikit-image 是基于 NumPy 和 SciPy 的 Python 图像处理库,提供了各种图像处理算法和函数,如边缘检测、形态学操作、阈值分割、形状分析等,也支持与 OpenCV 库的结合使用。

· Matplotlib 库。Matplotlib 是 Python 中一个流行的图形库,可以用于绘制各种类型的图形,包括二维和三维图形,也可以用于显示和处理图像。

以上库都提供了丰富的应用程序编程接口(API)和函数,可以满足各种图像处理需求。同时,Python 还支持对图像文件的读取和写入,可以使用内置的 open 函数打开图像文件,并使用相应的库进行处理,最终可以将处理结果保存为图像文件。

10.2 Pillow 库

Pillow 库是 PIL 的一个分支，是一个功能强大的图像处理库，提供了多种图像处理功能和格式转换支持。Pillow 支持众多图像文件格式，包括 PNG、JPEG、GIF、BMP 等常见格式。其主要特点如下：

· 支持各种图像格式。Pillow 支持众多的图像格式，包括 PNG、JPEG、GIF、BMP、TIFF、ICO 等。

· 图像处理功能丰富。Pillow 提供了丰富的图像处理功能，包括图像缩放、旋转、剪裁、滤镜、颜色调整、文字渲染等。

· 简单易用的 API。Pillow 的 API 设计简单易用，容易上手，同时也提供了一些高级的 API 接口，方便用户进行定制化的图像处理。

首先安装 Pillow 库。

在终端或命令行窗口输入以下命令即可安装 Pillow 库：

```
pip install Pillow
```

在 Python 文件中使用 Pillow 库时，需要先导入 Pillow 库。导入方式如下：

```
from PIL import Image, ImageFilter
```

下面是一些常用的图像处理操作。

(1)打开和显示图片　使用 Pillow 库打开一张图片非常简单，只需要使用 Image. open() 方法即可打开一张图片，如下所示：

```
from PIL import Image
img = Image.open('image.jpg')
img.show()
```

其中，'image.jpg'是图片的文件名，可以根据需要修改。

(2)图片缩放　Pillow 提供了 resize()方法，可以用于对图像进行缩放操作，如下所示：

```
from PIL import Image

img = Image.open('image.jpg')
resized_img = img.resize((500, 500))
resized_img.show()
```

上述代码将图片缩放为 500×500 像素大小。

(3)图片滤镜　使用 Pillow 库，可以非常方便地对图像应用各种滤镜，如下所示：

```
from PIL import Image, ImageFilter
img = Image.open('image.jpg')
```

```
blur_img = img.filter(ImageFilter.BLUR)
blur_img.show()
```

上述代码使用 BLUR 滤镜对图像进行模糊化处理。

(4)图片保存　在对图像进行处理之后，可以使用 save()方法将图像保存为指定格式的文件，如下所示：

```
from PIL import Image
img = Image.open('image.jpg')
img.save('image.png')
```

上述代码将原始图片保存为 PNG 格式的文件。

除了上述例子外，Pillow 还提供了很多其他的功能，包括图片旋转、剪裁、颜色调整、文字渲染等。

【例 10-1】 图像边缘提取——编程实现读取图片 lina.jpg，先变为灰度图像，然后提取边缘，显示结果。

可以使用 convert() 方法将其转换为灰度图像，使用 filter() 方法和 ImageFilter.FIND_EDGES 参数提取边界信息。

具体步骤如下：

(1)导入 PIL 库中的 Image 和 ImageFilter 模块；

(2)使用 Image 模块中的 open()函数打开图像文件 lina.jpg；

(3)使用 convert()方法将图像转换为灰度图像，传入参数'L'表示转换为灰度模式；

(4)使用 ImageFilter 模块中的 FIND_EDGES 滤波器函数，检测图像的边缘；

(5)使用 show()方法显示检测边缘的图像。

完整代码如下：

```
from PIL import Image, ImageFilter
# 读取图片
img = Image.open("lina.jpg")
# 转换为灰度图像
gray_img = img.convert('L')
# 提取边界
edges_img = gray_img.filter(ImageFilter.FIND_EDGES)
# 显示结果
gray_img.show()
edges_img.show()
```

图像边缘提取

程序运行后会先后弹出 2 个窗口，一个是原图的灰度图像，另一个是提取边缘得到的图像，如图 10-1 所示。

图 10-1 提取图像边缘的结果

10.3 OpenCV 库

OpenCV(Open Source Computer Vision Library)库是一个开源的计算机视觉库，提供了丰富的图像处理和计算机视觉算法。它由一系列的 C++函数和 Python 接口组成，可以在多个操作系统上运行，包括 Windows、macOS、Linux 和移动平台。

以下是 OpenCV 的主要功能：

- 图像和视频的读取与显示。OpenCV 可以读取和处理各种图像格式(如 JPEG、PNG、BMP 等)，以及处理视频流。它提供了丰富的函数和工具，可以加载、保存和显示图像和视频。
- 图像处理和增强。OpenCV 提供了各种图像处理函数，包括滤波、边缘检测、形态学操作、图像分割等。它可以用于调整图像的亮度、对比度、色彩平衡和直方图均衡化等操作，以改善图像质量。
- 特征检测和描述。OpenCV 支持多种特征检测和描述算法，如 Harris 角点检测、SIFT、SURF、ORB、FAST 等。这些算法可以帮助识别和匹配图像中的关键特征，用于目标跟踪、图像拼接、对象识别等应用。
- 目标检测和识别。OpenCV 提供了多个目标检测算法，包括基于 Haar 特征的级联分类器、HOG(Histogram of Oriented Gradients)特征和深度学习算法(如基于卷积神经网络的物体检测)。这些算法可以用于人脸检测、车辆检测、物体识别等任务。
- 计算机视觉算法。OpenCV 实现了许多计算机视觉算法，如光流估计、立体视觉、图像配准、视觉 SLAM 等。这些算法可以用于三维重建、虚拟现实、增强现实等应用。
- 机器学习和深度学习。OpenCV 集成了一些机器学习和深度学习库，如支持向量机(SVM)、随机森林(Random Forest)、卷积神经网络(CNN)等。它提供了许多用于训练和应用机器学习模型的函数和工具。
- 摄像头和视频流处理。OpenCV 可以与摄像头进行交互，捕获实时视频流并进行处理。它支持从摄像头获取图像和视频数据，实时检测和跟踪目标，以及进行实时图像处理和增强等操作。

使用 OpenCV 库首先要安装 NumPy 库，可以使用以下命令安装 NumPy 库：

```
pip install numpy
```

再通过以下命令安装 OpenCV 库：

```
pip install opencv-python
```

安装完成后，就可以在 Python 中导入 OpenCV 库并使用了。

10.4 图像增强

图像增强是指通过各种图像处理技术，改进或增强原始图像的可视化效果和信息含量的过程。其作用在于从原始图像中提取更多的有用信息，改善图像质量以便更好地进行后续处理和分析，或提供更好的视觉效果。

以下是一些常用的图像增强技术及其作用：

· 灰度拉伸。通过对灰度值进行拉伸，将图像中的所有像素值映射到更广的灰度范围内，以改善图像的对比度和清晰度。

· 直方图均衡化。对于一幅图像，将其灰度直方图进行均衡化，可以使图像中各个灰度级别的像素值在整个灰度范围内分布更均匀，以增强图像的对比度和细节。

· 去噪。通过去除图像中的噪声，可以提高图像的清晰度和质量，使其更易于分析和处理。

· 锐化。通过增强图像中的高频信息，可以使图像中的细节更加清晰和突出，从而提高图像的质量和信息含量。

· 色彩增强。通过增强图像的色彩饱和度或调整其色调，可以使图像更加生动和有吸引力。

· 尺度变换。通过缩放、旋转或平移图像，可以改变其大小和形状，以更好地适应不同的应用场景和需求。

· 图像融合。将多张图像进行融合，可以提供更多的信息和视角，以便更好地进行分析和处理。

这些技术可以单独应用或组合使用，以满足不同的需求和应用场景。

【例 10-2】 灰度图像直方图均衡化——使用直方图均衡化使灰暗的灰度图像变得清晰。

直方图均衡化是一种用于增强图像对比度的方法，可以使灰暗的图像变得更清晰。它的原理是通过重新分配图像的像素值，使图像的像素值在整个灰度范围内均匀分布，从而增加图像的动态范围。

具体而言，直方图均衡化的步骤如下：

(1)计算原始图像的灰度直方图　将图像的每个像素点的灰度值统计到直方图中，得到每个灰度级别的像素数量。

(2)计算累积直方图　对灰度直方图进行累积求和操作，得到每个灰度级别的累积像素数量。

(3)根据累积直方图进行像素值映射　将每个原始图像像素点的灰度值根据累积直方图进行映射，将较暗的像素值映射到较亮的像素值，以实现对比度增强。

(4)生成均衡化后的图像　根据像素值映射,将原始图像中的每个像素点的灰度值替换为均衡化后的灰度值。

完整代码如下:

```
import cv2
import matplotlib.pyplot as plt
# 读取灰度图像
image = cv2.imread('hongkong.jpg', 0)
# 进行直方图均衡化
equalized_image = cv2.equalizeHist(image)
# 显示原始图像和均衡化后的图像
plt.subplot(1, 2, 1)
plt.imshow(image, cmap='gray')
plt.title('Original Image')
plt.subplot(1, 2, 2)
plt.imshow(equalized_image, cmap='gray')
plt.title('Equalized Image')
plt.show()
```

灰度图像直方图均衡化

程序运行后弹出如图 10-2 所示的显示窗口。

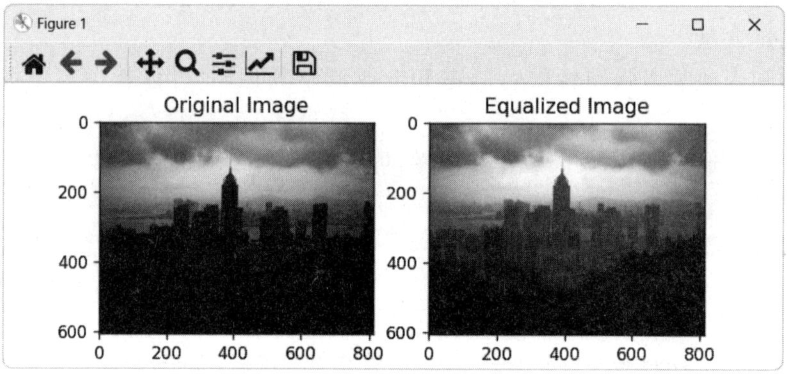

图 10-2　直方图均衡化结果

在这个示例中,输入图像为 hongkong.jpg,它是一幅灰度图像。首先,使用 cv2.imread() 函数读取图像,并将其转换为灰度图像。然后,使用 cv2.equalizeHist() 函数对灰度图像进行直方图均衡化。最后,使用 Matplotlib 库的 imshow() 函数显示原始图像和均衡化后的图像。

直方图均衡化可以增强图像的对比度和清晰度,使图像中的细节更加明显。从结果可以看到,右边增强后的图像比左边的原始图黑白反差更明显,细节更容易用肉眼分辨。

【例 10-3】　彩色图像直方图均衡化——使用直方图均衡化使灰暗的彩色图像变得清晰。

当应用直方图均衡化于彩色图像时,需要分别对图像的 3 个通道(红、绿、蓝)进行处理,以保持颜色的平衡。

完整代码如下：

```
import cv2
import numpy as np
import matplotlib.pyplot as plt
# 读取彩色图像
image = cv2.imread('hongkong.jpg')
# 将图像转换为 YUV 色彩空间
image_yuv = cv2.cvtColor(image, cv2.COLOR_BGR2YUV)
# 对亮度通道进行直方图均衡化
image_yuv[:,:,0] = cv2.equalizeHist(image_yuv[:,:,0])
# 将图像转换回 BGR 色彩空间
image_output = cv2.cvtColor(image_yuv, cv2.COLOR_YUV2BGR)
# 显示原始图像和处理后的图像
plt.subplot(1, 2, 1)
plt.imshow(image[:, :, ::-1])
plt.title('Original Image')
plt.subplot(1, 2, 2)
plt.imshow(image_output[:, :, ::-1])
plt.title('Equalized Color Image')
plt.show()
```

程序运行后，会显示类似于图 10-2 的对比图，只是这一次显示的是彩色图像，处理过的图像明暗对比更大，色彩更鲜明。

在这个例子中，首先读取一张彩色图像，并将其转换为 YUV 色彩空间。然后，对图像的亮度通道(Y 通道)进行直方图均衡化，使用 cv2.equalizeHist()函数实现。最后，将图像转换回 BGR 色彩空间，并显示原始图像和处理后的图像。

程序中采用 plt.imshow()，需要对显示的图像的 B、G、R 3 个颜色通道进行反转重排，这是因为使用 cv2.imread()读取图像时，默认彩色图像的三通道顺序为 B、G、R，而使用 plt.imshow()函数却默认显示图像的通道顺序为 R、G、B。使用 image[:, :, ::−1]和 image_output[:, :, ::−1]能快捷地完成这一操作。

【例 10-4】 图像去噪——对于混有椒盐噪声的图像进行去噪。

在数字图像处理中，椒盐噪声是一种常见的图像噪声类型，通常是由于图像采集、传输或存储过程中引入的随机性干扰。椒盐噪声的特点是在图像中随机分布着黑色和白色像素，就像图像中撒了一些盐和胡椒一样，因此得名。观察噪声图像得到：

(1)椒盐噪声通常是异常值或离群值，其值与周围的像素值差异较大。

(2)在一个小的邻域内，正常的图像细节是相似的，而噪声点的值较为异常。

椒盐噪声可以采用中值滤波进行去噪，中值滤波的工作原理如下：

(1)对于图像中的每个像素,确定一个固定大小的邻域。

(2)在该邻域中,将所有像素的值按升序排序。

(3)将中值(即排序后的中间值)作为该像素的新值。

完整代码如下:

```
import cv2
import numpy as np
import matplotlib.pyplot as plt
# 读取图像
image = cv2.imread('noisy.jpg')
# 将图像转换为灰度图像
gray = cv2.cvtColor(image, cv2.COLOR_BGR2GRAY)
# 使用中值滤波器去除噪声
denoised = cv2.medianBlur(gray, 5)
# 显示原始图像和处理后的图像
plt.subplot(1, 2, 1)
plt.imshow(image, cmap = 'gray')
plt.title('Original Image')
plt.subplot(1, 2, 2)
plt.imshow(denoised, cmap = 'gray')
plt.title('Denoised image')
plt.show()
```

图像去噪

程序运行结果如图 10-3 所示。

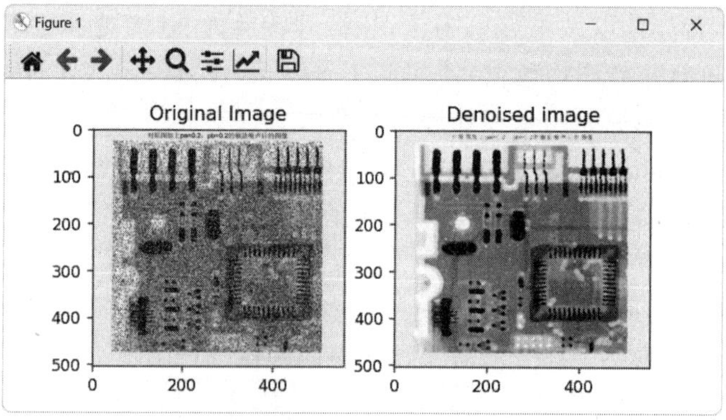

图 10-3　图像去噪后的结果

在这个例子中,首先读取一张含有椒盐噪声的图像。然后,将图像转换为灰度图像,并使用中值滤波器 cv2.medianBlur()对灰度图像进行去噪处理。最后,显示原始图像和去噪后的图像。

通过去除图像中的噪声,图像变得更加清晰、细节更加明显,这对于提高图像质量和减少噪声干扰非常有用。

【例 10-5】 图像去模糊——对于高斯模糊的图像进行去模糊从而增强图像显示效果。

模糊可以由多种因素引起，以下是一些常见的原因：

- 运动模糊(motion blur)。当物体或相机在图像被捕捉时发生移动，导致物体在图像上出现模糊。这种模糊称为运动模糊。
- 焦点不准确。当相机的焦点设置不准确时，图像中的物体可能看起来模糊。这可能是由手动对焦错误、自动对焦故障或者拍摄时的振动引起的。
- 光圈问题。过大或过小的光圈都可能导致图像模糊。过大的光圈可能导致景深不足，而过小的光圈可能引起衍射。
- 镜头质量。使用低质量的镜头或者在镜头表面有污垢或划痕时，图像可能会变得模糊。
- 传感器噪声。图像传感器的噪声或故障可能导致图像模糊。这种情况通常在低光条件下更为明显。
- 压缩。对图像进行压缩时，可能会损失一些细节，从而导致图像模糊。
- 振动和震动。摄像机或物体在拍摄时的振动和震动可能导致图像模糊。
- 环境因素。如大气湿度、雨雾等天气因素也可能导致图像模糊。

图像模糊和去模糊分析较复杂，简单情况可以使用高斯模糊模型去估计，往往能取得一定的去模糊效果。高斯模糊使用一个二维高斯滤波器(也称为高斯核)对图像进行卷积，该滤波器在中心具有最大权重，周围权重逐渐减小。图像中每个像素的值被周围像素的加权平均所替代，产生平滑和模糊的效果。

去模糊算法首先对图像使用 cv2.GaussianBlur 进行高斯模糊，这一步的目的是降低图像中的高频噪声和细节。然后进行图像锐化，利用 cv2.addWeighted 将原始图像与高斯模糊后的图像进行加权叠加。这里通过增强原始图像的权重和削弱高斯模糊图像的权重，试图突出图像的一些边缘和细节。

完整代码如下：

```
import cv2
import numpy as np
import matplotlib.pyplot as plt

def deblur_image(image, kernel_size = 31):
    # 高斯模糊
    blurred = cv2.GaussianBlur(image, (kernel_size, kernel_size), 0)
    # 图像锐化
    deblurred = cv2.addWeighted(image, 1.5, blurred, -0.5, 0)
    return deblurred
# 读取图像
image = cv2.imread('blur.jpg')
# 进行去模糊处理
deblurred_image = deblur_image(image)
```

图像去模糊

```
#显示原始图像和处理后的图像
plt.subplot(1, 2, 1)
plt.imshow(image[:,:,::-1])
plt.title('Original Image')
plt.subplot(1, 2, 2)
plt.imshow(deblurred_image[:,:,::-1])
plt.title('Deblurred image')
plt.show()
```

程序运行结果如图 10-4 所示。

图 10-4　图像去模糊的结果

从结果看,右边去模糊后的图像比左边原始图像有更锐利的图像边缘和细节呈现。

需要注意的是,这种简单的去模糊算法可能对所有类型的模糊效果都不适用,具体效果取决于图像的特性和模糊的程度。在实际应用中,可能需要尝试不同的去模糊方法,并根据具体情况进行调整。

10.5　图像识别

图像识别是指利用计算机技术对图像进行分析和处理,以获取图像中所包含的信息并进行分类、识别等操作的过程。它是人工智能领域的重要研究方向之一,也是计算机视觉的核心技术之一。在实际应用中,图像识别技术广泛应用于自动驾驶、人脸检测、目标检测、医学影像诊断等领域。

图像识别的核心任务是将图像中的信息转换为计算机可处理的数字数据,并通过对这些数据的分析和处理来实现图像的分类、识别等操作。具体来说,图像识别一般包括以下几个步骤:

(1)图像采集和预处理　采集图像并进行去噪、平滑、尺度变换、颜色空间转换等预处理操作,以提高后续分析和处理的准确性和效率。

(2)特征提取　通过分析图像中的像素信息,提取与图像内容相关的特征信息,如颜色、形状、纹理等特征。

(3)特征选择和降维　对提取到的特征进行选择和降维，以减少特征维度、提高分类准确度和降低计算复杂度。

(4)分类和识别　基于所提取的特征和选定的分类模型，对图像进行分类和识别。

(5)评价和优化　对图像识别系统的分类准确率、响应速度等进行评价和优化，以提高系统的性能和可靠性。

图像识别技术是一项非常重要的技术，它可以帮助用户更好地理解图像信息，并在很多实际应用中发挥重要作用。

【例 10-6】　人脸检测——编写程序，实现检测图像中的人脸。

人脸检测是计算机视觉领域中的一个重要任务，其目标是从图像或视频中自动检测人脸。

人脸检测的原理基于以下步骤：

(1)数据收集　首先需要收集具有代表性的人脸图像作为训练样本。这些样本图像可以来自已标注的人脸数据集或通过摄像设备实时采集。

(2)特征提取　在人脸检测中，常用的特征提取方法是通过计算人脸图像中的特征点、纹理、颜色等信息来描述人脸。常用的特征提取算法包括主成分分析(PCA)、线性判别分析(LDA)、局部二值模式(LBP)等。

(3)训练模型　使用收集到的人脸图像数据，可以训练一个人脸检测模型。训练模型的过程就是通过学习人脸图像中的特征和标签之间的关系，建立一个可以将输入图像映射到相应人脸身份的模型。

(4)人脸检测　人脸检测是一个目标检测的任务，通常使用级联分类器(如 Haar 分类器)或深度学习方法(如卷积神经网络)来实现。检测到的人脸位置信息可以用于后续的人脸识别。

完整代码如下：

```
import cv2
# 加载人脸检测的模型
face_cascade = cv2.CascadeClassifier('haarcascade_frontal
face_default.xml')
# 加载图像
image = cv2.imread('face.png')
# 将图像转换为灰度图像
gray = cv2.cvtColor(image, cv2.COLOR_BGR2GRAY)
# 在灰度图像中检测人脸
faces = face_cascade.detectMultiScale(gray, scaleFactor = 1.1, minNeighbors
= 5, minSize = (30, 30))
# 在图像上绘制人脸框
for (x, y, w, h) in faces:
    cv2.rectangle(image, (x + 15, y + 15), (x + w - 15, y + h - 15), (0, 255, 0), 30)
# 显示结果图像
```

人脸检测

```
cv2.imshow('Face Detection', image)
cv2.waitKey(0)
cv2.destroyAllWindows()
```

程序运行结果如图 10-5 所示。

图 10-5　图像人脸检测的结果

在这个例子中，首先加载了一个事先训练好的人脸检测模型(haarcascade_frontalface_default.xml)，该模型用于检测图像中的人脸。然后，加载待处理的图像，并将其转换为灰度图像。接下来，使用 detectMultiScale 函数在灰度图像中检测人脸，并返回检测到的人脸位置和大小信息。最后，在原始图像上绘制人脸框，并显示结果图像。

cv2.CascadeClassifier 是 OpenCV 库中用于级联分类器的类。级联分类器是一种常用的目标检测算法，用于在图像或视频中检测特定对象，如人脸、眼睛、车辆等。

CascadeClassifier 使用的是 Haar 特征分类器或 LBP(Local Binary Patterns)特征分类器。这些分类器是通过训练大量正样本和负样本图像来学习特征模式，从而能够识别特定对象。

CascadeClassifier 的主要功能是加载和使用训练好的级联分类器模型进行对象检测。它接受一个级联分类器模型文件作为输入，该模型文件包含了分类器的训练参数和特征模式。一旦加载了级联分类器模型，就可以将其应用于输入图像或视频，从中检测出目标对象的位置和边界框。

CascadeClassifier 是一个非常强大且广泛应用的工具，可用于人脸检测、目标检测、行人检测等许多计算机视觉任务。它提供了一种快速和有效的方法来实现对象检测，并在许多实际应用中取得了很好的效果。

这个例子只是人脸检测的简单示例，实际应用中可能涉及更复杂的任务，如人脸识别、表情识别、性别识别等。此外，还可以结合其他的深度学习模型和算法来提高检测机识别的准确性和效果。

10.6 二维码的应用

二维码是一种矩阵型的二维条码，可以通过扫描二维码来获取其中包含的信息。它可以存储的信息种类非常多，包括文本、链接、电话号码、地理位置等。二维码具有快速读取、信息量大、占用空间小、易于制作等优点，因此被广泛应用于商业、文化、社交等多个领域。

二维码的基本原理是将二进制编码的信息转化为图形码，将二进制数据转化为图形化的模式，从而实现信息的存储和传输。在制作二维码时，可以使用专门的二维码生成器进行生成。在识别二维码时，可以使用相机或者专门的扫描仪进行扫描，然后使用相关的软件进行解码。

随着二维码技术的不断发展，越来越多的应用场景出现了，如在商业领域中，二维码被用于商品溯源、电子支付、促销优惠等方面；在文化领域中，二维码被用于博物馆、展览、图书馆等地的信息展示和互动交流；在社交领域中，二维码被用于添加好友、分享内容等方面。总之，二维码已成为一种非常方便、实用的信息传输和存储方式。

【例 10-7】 识别二维码——编程读取图像中的二维码信息。

pyzbar 是一个 Python 库，用于解码和识别二维码和条形码。它是基于 zbar 库的 Python 封装，提供了简单而强大的二维码和条形码识别功能。

使用 pip 工具进行安装，在命令行状态下运行以下命令：

```
pip install pyzbar
```

安装完成后，就可以在 Python 程序中导入 pyzbar 模块。

完整代码如下：

```
import cv2
from pyzbar import pyzbar
def read_qr_code(image_path):
    # 加载图像
    image = cv2.imread(image_path)
    # 转换为灰度图像
    gray = cv2.cvtColor(image, cv2.COLOR_BGR2GRAY)
    # 使用 pyzbar 库检测二维码
    barcodes = pyzbar.decode(gray)
    # 遍历检测到的二维码
    for barcode in barcodes:
        # 提取二维码的边界框坐标
        x, y, w, h = barcode.rect
        # 绘制边界框
        cv2.rectangle(image, (x, y), (x + w, y + h), (0, 255, 0), 2)
        # 提取二维码的数据
        barcode_data = barcode.data.decode("utf-8")
```

识别二维码

```
            barcode_type = barcode.type
            # 在图像上显示二维码数据
            cv2.putText(image, f"{barcode_data} ({barcode_type})", (x, y - 10),
                        cv2.FONT_HERSHEY_SIMPLEX, 0.5, (0, 255, 0), 2)
        # 显示结果图像
        cv2.imshow("QR Code Detection", image)
        cv2.waitKey(0)
        cv2.destroyAllWindows()
# 读取二维码图像并进行识别
read_qr_code("qrcode.png")
```

程序运行结果如图 10-6 所示。

在此例子中，使用 cv2.imread()函数读取二维码图像，并将其转换为灰度图像。然后，使用 pyzbar.decode()函数检测图像中的二维码，并遍历检测到的二维码。对于每个检测到的二维码，提取其边界框坐标，并在图像上绘制边界框。然后，提取二维码的数据并在图像上显示。最后，使用 cv2.imshow()函数显示结果图像，并通过 cv2.waitKey()和 cv2.destroyAllWindows()函数来处理窗口的关闭操作。

图 10-6　图像中二维码的识别结果（结果显示在二维码上面）

注意，由于 cv2.putText()默认不支持中文显示，在读取的二维码中含中文时会显示乱码，需要另行处理。

【例 10-8】 生成二维码——输入文字信息，生成二维码图像。

Python 提供了许多第三方库用于生成和解析二维码，其中最常用的是 qrcode 库。

使用 pip 工具进行安装，在命令行状态下运行以下命令：

```
pip install qrcode
```

安装完成后，就可以在 Python 程序中导入 qrcode 模块。

完整代码如下：

```
import qrcode
# 输入文字信息
text = input("请输入文字:")
# 创建 QRCode 对象并设置二维码参数
qr = qrcode.QRCode(
    version=1,
    error_correction=qrcode.constants.ERROR_CORRECT_L,
    box_size=10,
    border=4,
```

生成二维码

```
)
# 添加数据到 QRCode 对象
qr.add_data(text)
# 建立二维码图像
qr.make(fit = True)
# 创建图像对象
image = qr.make_image(fill_color = "black", back_color = "white")
# 保存图像
image.save("qrcode.png")
```

在上述代码中，首先导入了 qrcode 库。然后，定义了一个字符串变量 text，用于存储输入的文字信息。接下来，创建了一个 qrcode 对象 qr，并设置了二维码的一些参数，例如，版本、纠错级别、盒子大小和边框大小。然后，通过 qr. add_data()方法将文字信息添加到 qrcode 对象中。接下来，使用 qr. make(fit=True)方法生成二维码图像。然后，使用 qr. make_image()方法创建图像对象，并指定二维码的填充颜色和背景颜色。最后，使用 image. save()方法将图像保存到指定的文件中(这里是"qrcode. png")。

执行以上代码：

```
请输入文字:Hello World!
```

将得到一个名为"qrcode. png"的二维码图像(图 10-7)，其中包含了输入的文字信息。

图 10-7　生成的二维码图像

习　题

1. 编程实现读取图片 image.jpg，用适当的方法以使图像变得更清晰，并显示结果。

2. 选一张自己的班级合照，编程实现检测照片中的人脸，看一看是否能检测出全部人脸，是否存在将不是人脸的也识别成人脸？试分析一下原因。

第 11 章　综合应用——网络编程

【学习目标】

(1)了解计算机网络的概念。

(2)掌握应用 requests 库和 BeautifulSoup4 库获取网页信息。

(3)掌握应用 socket 模块实现网络通信。

(4)学会设计简单的 Web 服务器程序。

计算机网络是指通过通信设备(如路由器、交换机等)将多台计算机连接起来,实现彼此之间的数据交换和通信的系统。计算机网络可以是局域网(LAN)、广域网(WAN)、互联网等不同规模和范围的网络。

网络编程是指使用编程语言来开发应用程序,实现计算机网络上的通信和交互。它涉及在计算机网络中发送和接收数据,建立连接,进行数据传输和通信协议等方面的编程任务。网络编程的主要目标是实现不同计算机或设备之间的数据传输和通信,使它们能够互相交换信息和资源。通过网络编程,可以创建各种网络应用,如网站、聊天程序、文件传输工具、远程控制等。

11.1　计算机网络简介

计算机网络可以是局域网(LAN)、广域网(WAN)、互联网等不同规模和范围的网络。目前互联网是使用最广泛的网络,完整的互联网由以下几个主要部分构成:

· 网络基础设施。这是互联网的基础,包括物理设备和网络设施。它包括计算机、服务器、路由器、交换机、光纤电缆、卫星链路等网络设备和传输介质。这些设备和设施通过各种网络技术(如以太网、无线网络、光纤通信等)相互连接,形成庞大的网络基础设施。

· 网络协议。网络协议是互联网通信的规则和约定。它们定义了数据的格式、传输方式、错误处理等,确保不同设备和系统之间的通信能够顺利进行。常见的互联网协议包括 TCP/IP 协议套件、HTTP 协议、DNS 协议、SMTP 协议等。

· 互联网服务提供商(ISP)。ISP 是连接用户到互联网的服务提供商。它们提供互联网接入服务,使用户能够通过各种连接方式(如宽带、光纤、DSL 等)接入互联网。ISP 负责维护网络基础设施、提供网络连接、分配 IP 地址等。

· 网络应用和服务。互联网提供了各种应用和服务,使用户能够通过网络进行通信、信息获取、娱乐等活动。它包括电子邮件、网页浏览、社交媒体、在线购物、在线视频和音频流媒体等。这些应用和服务由各种互联网应用程序和网站提供。

· 互联网标准和组织。互联网的发展和规范由多个标准和组织来推动和管理。例如,互联网工程任务组(IETF)负责制定互联网标准,国际互联网协会(ISOC)负责推广和发展互联网技术,互联网名称与数字地址分配机构(ICANN)负责管理域名系统(DNS)等。

上述这些部分相互协作,构成了完整的互联网。互联网的发展和扩展使全球范围内的计算机和设备能够互相连接和通信,为人们提供了无数的信息资源和服务。

在计算机网络中存在多种类型的服务资源,这些资源用于满足网络用户的不同需求。下面是一些常见的计算机网络服务资源类型:

· 文件服务资源。计算机网络中的文件服务资源用于存储和共享文件。这些资源可以是文件服务器或共享文件夹,允许用户在网络中访问和传输文件。

· 打印服务资源。打印服务资源用于提供网络打印功能。通过网络打印服务资源,用户可以将打印任务发送到指定的打印设备,并进行打印操作。

· 数据库服务资源。数据库服务资源用于存储和管理数据。它提供了数据库访问接口和功能,允许用户通过网络连接到数据库服务器,并进行数据的读取、写入和查询操作。

· 应用程序服务资源。计算机网络中的应用程序服务资源是指通过网络提供的各种应用程序和服务。例如,电子邮件服务、文件传输协议(FTP)服务、Web 服务等都属于应用程序服务资源。

· 计算资源。计算资源是指网络中的计算机和服务器,用于执行各种计算任务和提供计算能力。这些计算资源可以用于处理复杂的计算、运行应用程序、承载网站等。

· 存储资源。存储资源用于提供网络存储功能。它可以是网络硬盘、网络存储设备或云存储服务,用于存储和管理用户的数据。

· 网络带宽资源。网络带宽资源是指网络中可用的传输带宽。它决定了网络传输的速度和能力。网络带宽资源可以通过网络连接的速度和带宽限制来衡量。

这些服务资源类型是计算机网络中常见的,不同的网络可以提供不同类型的服务资源。这些资源的提供和管理可以通过各种协议、服务和技术来实现,以满足用户的需求并保障网络的正常运行。

为了能够利用这些资源,需要学会网络编程。Python 作为一门功能强大且易于学习的编程语言,可以在计算机网络的各个方面发挥重要作用。通过 Python,可以快速开发和实现各种与计算机网络相关的应用程序和工具,提高网络的效率、安全性和可管理性。

11.2 requests 库

requests 库是一个强大的 Python 第三方库,用于处理 HTTP 请求。它提供了简洁而人性化的接口,使发送和处理 HTTP 请求变得非常简单。

安装 requests 库可以使用 pip 安装,打开命令行终端,运行以下命令:

```
pip install requests
```

下面是一些常见的 requests 库的用法:

· 发送 GET 请求。

```
import requests
response = requests.get(url)
```

可以通过调用 get() 方法来发送一个 GET 请求,并将响应存储在 response 变量中。

• 发送 POST 请求。

```
import requests
response = requests.post(url, data = data)
```

使用 post() 方法可以发送一个 POST 请求,并将请求数据传递给 data 参数。

• 设置请求头部信息。

```
import requests
headers = {"User - Agent": "Mozilla/5.0"}
response = requests.get(url, headers = headers)
```

可以通过设置 headers 参数来传递请求头部信息,如设置用户代理字符串。

• 传递 URL 查询参数。

```
import requests
params = {"key": "value"}
response = requests.get(url, params = params)
```

使用 params 参数可以传递 URL 查询参数,将键值对作为参数传递给 params。

• 获取响应内容。

```
import requests
response = requests.get(url)
content = response.text
```

可以通过 text 属性获取响应的内容,返回一个字符串。

• 处理响应状态码。

```
import requests
response = requests.get(url)
if response.status_code == 200:
    print("请求成功")
```

通过访问 status_code 属性可以获取响应的状态码,可以根据不同的状态码来判断请求是否成功。

• 处理异常。

```
import requests
from requests.exceptions import RequestException
try:
    response = requests.get(url)
except RequestException as e:
    print("请求发生异常:", str(e))
```

可以使用异常处理机制来捕获和处理请求过程中可能出现的异常情况。

总的来说,requests 库提供了简单而强大的接口,使得与 HTTP 进行交互变得更加容易。它在网络请求、API 调用、数据采集等方面被广泛应用。无论是发送简单的 GET 请求还是处理复杂的身份验证和 Cookies,requests 库都能提供便捷的解决方案。

11.3 BeautifulSoup4 库

BeautifulSoup4 库是一个强大的第三方库,是 BeautifulSoup 库的升级版,提供了更多的功能和更好的性能,用于解析和处理 HTML 和 XML 文档。它提供了简单而灵活的方式来遍历、搜索和修改文档的元素和内容。

BeautifulSoup4 库可以使用 pip 安装,打开命令行终端,运行以下命令:

```
pip install beautifulsoup4
```

下面是一些常见的 BeautifulSoup4 库的用法:

- 解析 HTML 或 XML 文档。

```
from bs4 import BeautifulSoup
# 解析 HTML 文档
soup = BeautifulSoup(html_doc, 'html.parser')
# 解析 XML 文档
soup = BeautifulSoup(xml_doc, 'xml')
```

通过调用 BeautifulSoup 构造函数,并传递要解析的文档和解析器类型,可以将文档解析成一个 BeautifulSoup 对象。

- 寻找元素。

```
# 通过标签名寻找元素
elements = soup.find_all('tag')
# 通过类名寻找元素
elements = soup.find_all(class_='class-name')
# 通过属性值寻找元素
elements = soup.find_all(attrs={'attr': 'value'})
```

使用 find_all() 方法可以按照标签名、类名或属性值寻找文档中的元素，并返回一个元素列表。

· 提取元素内容。

```
# 提取元素文本内容
text = element.text
# 提取元素属性值
attr_value = element['attr']
```

可以通过访问元素的 text 属性来提取元素的文本内容，通过访问元素的属性来提取属性值。

· 遍历文档。

```
# 遍历所有子元素
for child in element.children:
    # 处理子元素
# 遍历所有后代元素
for descendant in element.descendants:
    # 处理后代元素
```

可以使用 children 属性遍历元素的直接子元素，使用 descendants 属性遍历元素的所有后代元素。

· 修改文档内容。

```
# 修改元素文本内容
element.string = 'new text'
# 添加子元素
new_element = soup.new_tag('tag')
element.append(new_element)
# 删除元素
element.extract()
```

可以直接修改元素的文本内容，通过 new_tag()方法创建新的标签元素，并通过 append()方法将其添加为子元素，使用 extract()方法可以删除元素。

总的来说，BeautifulSoup4 库提供了简单而强大的接口，使解析和处理 HTML 和 XML 文档变得更加容易。它在数据抓取、网页分析和爬虫开发等方面被广泛应用。无论是从网页中提取数据、解析 XML 文档还是修改 HTML 结构，BeautifulSoup4 库都能提供便捷的解决方案。

11.4 网络爬虫

网络爬虫(web crawler)是一种自动化程序或脚本，用于在互联网上浏览并收集信息。它可以自动访问网页、提取网页内容,并进一步处理这些内容以满足特定的需求。网络爬虫在互联网数据挖掘、搜索引擎、数据分析等领域中被广泛应用。

网络爬虫的工作原理如下:首先,爬虫选择一个起始网页作为入口点,并通过发送 HTTP 请求获取网页的内容。接下来,爬虫分析网页内容,提取所需的信息。这通常涉及解析 HTML 或其他标记语言,并使用相关的库或工具来提取特定的数据,如链接、文本、图像等。爬虫根据预定的规则和算法,从当前网页中提取的链接中选择下一个要访问的网页,然后重复前 2 个步骤,形成一个递归的过程,直到满足停止条件(如达到指定的深度或访问限制)。爬虫将收集到的数据存储在本地或远程数据库中,或者进行进一步的处理和分析。

网络爬虫可以用于以下许多不同的应用场景:

· 搜索引擎。爬虫用于抓取互联网上的网页,并建立搜索引擎的索引,使用户能够通过关键字搜索找到相关的网页。

· 数据采集和挖掘。爬虫可以用于收集大量的数据,如新闻、社交媒体信息、产品价格等,以便进行后续的数据分析和挖掘。

· 网站监测。爬虫可以定期访问特定的网站,监测网站内容的变化,如监测价格变动、新闻更新等。

· 网络信息分析。爬虫可以用于分析网页之间的链接关系,构建网络图或进行网络分析,如社交网络分析、网页排名等。

· 网络内容过滤和分类。爬虫可以通过访问网页并分析其内容,进行内容过滤、分类和标记,如垃圾邮件过滤、情感分析等。

需要注意的是,进行网络爬虫时,应遵守相关的法律法规和网站的使用条款,并尊重网站的隐私政策。爬虫应该合法、合理、有礼貌地获取信息,避免对网站造成过大的负载和影响。

【例 11-1】 获取网页信息——编程使用 requests 库和 BeautifulSoup4 库实现的网络爬虫,用于获取百度主页的信息。

【思路分析】 首先,使用 requests 库向百度主页发起 HTTP GET 请求,获得返回结果后先检查响应的状态码,如果是 200 表示请求成功,成功获取到 HTML 页面内容,写入文件“page.html”。然后,使用 BeautifulSoup4 解析 HTML,显示页面标题、搜索框名称以及所有链接。

完整的代码如下:

```
import requests
from bs4 import BeautifulSoup

# 发起 HTTP GET 请求
headers = {'User - Agent': 'Mozilla/5.0 (Windows NT 6.1; Win64; x64) AppleWeb-
Kit/537.36 (KHTML, like Gecko) Chrome/58.0.3029.110 Safari/537.3'}
response = requests.get('https://www.baidu.com', headers = headers)
response.encoding = 'utf - 8' # 将编码格式指定为 utf - 8

# 检查响应状态码
if response.status_code == 200:
```

```
    # 获取页面内容
    with open("page.html", "w+", encoding="utf-8") as f:
        f.write(response.text)
        f.seek(0)
        html_handle = f.read()
    # 创建 BeautifulSoup 对象
    soup = BeautifulSoup(html_handle, 'html.parser')

    # 查找并打印页面标题
    title = soup.title
    if title:
        print('页面标题:', title.string)
    # 查找并打印搜索框的名称
    search_box = soup.find('input', {'id': 'kw'})
    if search_box:
        print('搜索框名称:', search_box.get('name'))

    # 查找并打印百度首页的所有链接
    links = soup.find_all('a')
    for link in links:
        print('链接:', link.get('href'))
else:
    print('请求失败:', response.status_code)
```

获取网页信息

程序运行结果如下：

```
页面标题: 百度一下,你就知道
搜索框名称: wd
```

（显示内容太多，省略中间部分）

```
链接: http://news.baidu.com
链接: //www.baidu.com/more/
链接: http://home.baidu.com
链接: http://ir.baidu.com
链接: http://www.baidu.com/duty/
链接: http://jianyi.baidu.com/
```

程序详细执行过程如下：

(1)导入模块

requests　用于发送 HTTP 请求。

BeautifulSoup　用于解析 HTML。

(2)发起 HTTP GET 请求　使用 requests.get 方法发起 GET 请求，访问百度首页。将返回的响应对象存储在 response 变量中。将编码格式指定为 utf-8，避免出现中文乱码。

(3)检查响应状态码　如果响应状态码是 200，表示请求成功，可以继续处理。否则打印请求失败的状态码。

(4)获取页面内容　使用 response.text 获取 HTML 内容，存储在 html_content 变量中。

(5)创建 BeautifulSoup 对象　使用 BeautifulSoup 将 HTML 解析为 BeautifulSoup 对象，指定解析器为 'html.parser'。

(6)查找并打印页面标题　使用 soup.title 查找页面标题标签。如果找到标题，则打印标题的字符串内容。

(7)查找并打印搜索框的名称　使用 soup.find 查找<input>标签，且其 id 属性为 'kw'。如果找到搜索框，则打印搜索框的 name 属性。

(8)查找并打印百度首页的所有链接　使用 soup.find_all 查找所有 <a> 标签。遍历链接，打印链接的 href 属性。

(9)请求失败处理　如果请求失败，打印失败的状态码。

由于目前网页大量使用插件或动态生成页面内容的技术，要获取完整的页面信息需要进一步的分析和处理。但是，一般情况下只需要获取网页中感兴趣的内容即可，无须获取完整的页面。另外，通过程序对公开的网站获取信息，不能短时间内发起大量的访问请求，否则会影响网站在正常工作。每个人应合理使用网上资源，自觉维护良好的网络环境。

11.5　简单的聊天程序

网络聊天程序是一种允许用户通过计算机网络进行实时交流的应用程序。这类程序可以使用户在不同地点之间进行文本、音频或视频通信。网络聊天程序通常包括客户端和服务器 2 个主要组件。

客户端是用户在自己的设备上运行的应用程序，负责与服务器建立连接，并通过网络发送和接收消息。用户可以使用客户端与其他用户进行实时交流。

服务器是一个运行在网络上的中央计算机，负责协调客户端之间的通信。它接收来自客户端的消息，并将这些消息广播给其他相关的客户端。服务器还负责管理用户的连接和断开。

网络聊天程序可以使用不同的通信协议，如 TCP(传输控制协议)或 UDP(用户数据报协议)，来实现实时通信。在程序中，需要考虑消息的编码、解码、安全性、并发连接管理等方面的问题。

Python 提供了一些库和模块，如 socket、socketserver 等，可以用于创建网络聊天程序。这些工具使得实现简单的聊天应用变得相对容易。

【例 11-2】 网络聊天工具——设计一个在互联网上的聊天程序，客户端负责与用户进行交互，发送和接收消息，而服务器负责接收客户端的消息并将其广播给其他连接的客户端。

服务器端代码如下：

```
import socket
import threading

def handle_client(client_socket, address):
```

```
        while True:
            message = client_socket.recv(1024).decode('utf-8')
            if message == 'quit':
                break
            broadcast(client_socket , message)
        client_socket.close()
    def broadcast(sender, message):
        for client in clients:
            if client != sender: client.send(message.encode('utf-8'))
    def start_server():
        server_socket = socket.socket(socket.AF_INET, socket.SOCK_STREAM)
        server_socket.bind(('localhost', 8000))
        server_socket.listen(5)
        print('服务器已经启动. 等待连接...')
        while True:
            client_socket, address = server_socket.accept()
            print('Connected to', address)
            clients.append(client_socket)
            client_thread = threading.Thread(target = handle_client, args = (client_socket, address))
            client_thread.start()
    clients = []
    start_server()
```

网络聊天工具

客户端代码如下：

```
    import socket
    import threading
    name = ''
    def receive_messages(client_socket):
        while True:
            message = client_socket.recv(1024).decode('utf-8')
            print(message)
    def send_messages(client_socket):
        while True:
            message = input()
            client_socket.send((name + ":" + message).encode('utf-8'))
```

```
        if message == 'quit':
            break

def start_client():
    global name
    name = input('输入姓名:')
    client_socket = socket.socket(socket.AF_INET, socket.SOCK_STREAM)
    client_socket.connect(('localhost', 8000))

    receive_thread = threading.Thread(target = receive_messages, args = (client_socket,))
    send_thread = threading.Thread(target = send_messages, args = (client_socket,))

    receive_thread.start()
    send_thread.start()

start_client()
```

程序运行效果如图 11-1 所示。

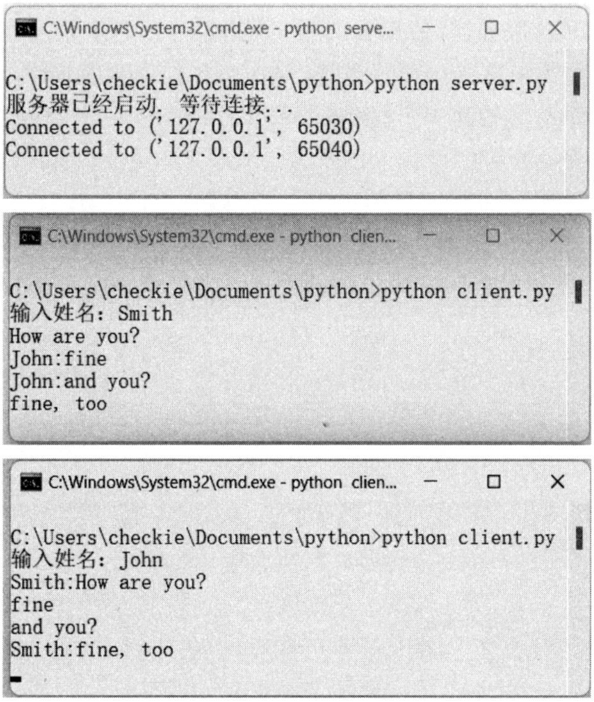

图 11-1　程序运行效果

这个简单的聊天程序使用了 TCP 套接字进行客户端和服务器之间的通信。服务器在本地监听 8000 端口,客户端连接到服务器的 IP 地址和端口。多线程用于同时处理客户端的输入和输出,以允许实时的双向通信。

请注意，上述代码只是一个基本的示例，缺少错误处理和其他功能，如用户身份验证、聊天记录存储等。在实际应用中，还需要进行更多的安全性和可靠性的考虑。

11.6　简单的 Web 服务器程序

Web 服务器是一种软件应用程序，它在计算机网络上接收和响应来自客户端的 HTTP 请求。它负责处理这些请求，并向客户端发送相应的 HTTP 响应，通常用于提供 Web 页面、服务和其他与 Web 相关的内容。

以下是 Web 服务器的主要功能：

· 接收 HTTP 请求。监听网络端口，等待客户端发送的 HTTP 请求。

· 处理请求。解析 HTTP 请求，确定请求的资源，以及请求的操作(如 GET、POST 等)。

· 处理业务逻辑。根据请求的内容执行相应的业务逻辑，如从数据库中检索数据、处理用户登录等。

· 生成 HTTP 响应。根据业务逻辑生成 HTTP 响应，包括响应头和响应体。

· 发送响应。将生成的 HTTP 响应发送回客户端。

在 Python 中，可以使用内置的模块(如 http. server、socketserver)或者框架(如 Flask、Django)来创建简单的 Web 服务器。

【例 11-3】 Web 服务——实现的一个简单的 Web 服务器，提供报时服务。

设计一个简单的 Web 服务器，使用 socket 库创建一个 TCP 服务器套接字，绑定到本地主机的端口 8888。它监听来自客户端的连接，并在接收到连接时提供当前的时间作为响应。在处理每个客户端请求时，它构建一个简单的 HTTP 响应消息，并将其发送回客户端。最后，它关闭客户端连接。

可以在 Web 服务器程序运行的电脑上打开浏览器，访问 http://localhost:8888 来获取当前服务器的时间。每次访问该地址时，服务器都会生成一个新的响应并返回给客户端。

完整代码如下：

```
import http.server
import socketserver
import datetime

class CustomHandler(http.server.SimpleHTTPRequestHandler):
    def do_GET(self):
        # 设置响应头
        self.send_response(200)
        self.send_header('Content-type', 'text/html;charset=utf-8')
        self.end_headers()

        current_time = datetime.datetime.now()
        # 根据不同的路径返回不同的页面
        if self.path == '/':
```

Web 服务

```
            content = "<h3>当前时间:" + str(current_time) + "</h3>"
        elif self.path == '/about':
            content = "<h3>下面是我的故事...</h3>"
        elif self.path == '/contact':
            content = "<h3>联系电话:1234567890</h3>"
        else:
            content = "<h3>404 找不到页面</h3>"

        # 将内容写入响应
        self.wfile.write(content.encode('utf-8'))

# 设置端口
port = 8888

# 使用 with 语句确保服务器关闭时资源被释放
with socketserver.TCPServer(("", port), CustomHandler) as httpd:
    print("正在监听端口 {}...".format(port))
    # 启动服务器
    httpd.serve_forever()
```

程序运行效果如图 11-2 所示。

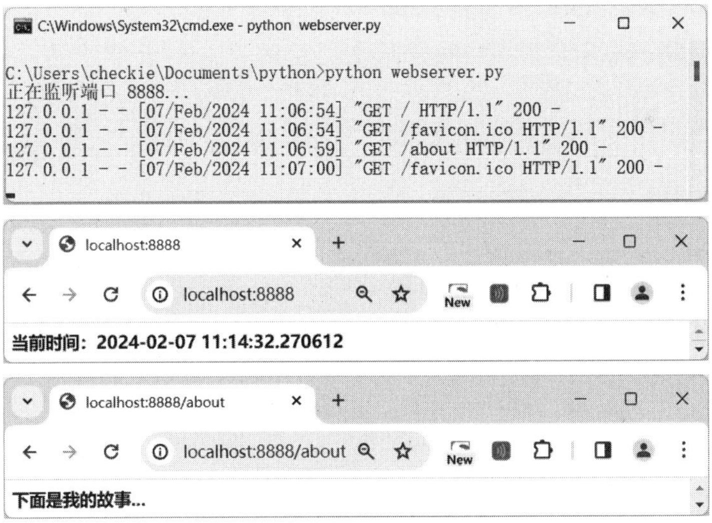

图 11-2　程序运行效果

首先,导入了 http.server 和 socketserver 模块,这 2 个模块提供了创建简单 HTTP 服务器所需的类和函数。

定义一个自定义的处理器类 CustomHandler,继承自 http.server.SimpleHTTPRequest-Handler。重写了 do_GET 方法,用于处理 GET 请求。设置了响应头,返回状态码为 200 (OK),以及内容类型为 HTML。

根据请求的路径（self.path）决定返回的页面内容。如果是根路径/，返回服务器当前时间；如果是 /about，返回关于页面；如果是 /contact，返回联系页面；否则返回 404 页面。将内容写入响应。self.wfile 是一个类文件对象，用于向客户端发送响应。

创建了一个 TCPServer 对象，传入监听地址（"",8888）和自定义的请求处理器类 CustomHandler。然后用 with 语句确保在服务器关闭时资源得到释放。最后，通过 httpd.serve_forever() 启动服务器，它将一直运行，直到手动中断。

习 题

1. 编程实现一个网络爬虫程序，从百度网站获取首页上面排名前 3 的百度热搜标题，并显示出来。

2. 设计一个聊天程序，聊天的双方可以相互发文字和图片。

3. 编程实现一个简单的 Web 服务器，通过浏览器可以访问服务器上指定目录中文件。

参考文献

[1] Python 官方网站：https://python.org/

[2] Python 包索引网站：https://pypi.org/

[3] 嵩天．Python 语言程序设计基础[M]．2 版．北京：高等教育出版社，2017.

[4] 董付国．Python 程序设计入门与实践[M]．西安：西安电子科技大学出版社，2021.

[5] 董付国．Python 程序设计[M]．北京：清华大学出版社，2020.

[6] Wes McKinney，著．利用 Python 进行数据分析[M]．徐敬一，译．北京：机械工业出版社，2018.

附 录

附录 A 常用字符与 ASCII 码对照表

ASCII 码	字符	ASCII 码	字符	ASCII 码	字符	ASCII 码	字符
0	NUL	32	SP(空格)	64	@	96	'
1	SOH	33	!	65	A	97	a
2	STX	34	"	66	B	98	b
3	ETX	35	#	67	C	99	c
4	EOT	36	$	68	D	100	d
5	ENQ	37	%	69	E	101	e
6	ACK	38	&	70	F	102	f
7	BEL(响铃)	39	`	71	G	103	g
8	BS(退格)	40	(	72	H	104	h
9	HT	41	)	73	I	105	i
10	NL(换行)	42	*	74	J	106	j
11	VT	43	+	75	K	107	k
12	FF	44	,	76	L	108	l
13	CR(回车)	45	-	77	M	109	m
14	SO	46	.	78	N	110	n
15	SI	47	/	79	O	111	o
16	DLE	48	0	80	P	112	p
17	DC1	49	1	81	Q	113	q
18	DC2	50	2	82	R	114	r
19	DC3	51	3	83	S	115	s
20	DC4	52	4	84	T	116	t
21	NAK	53	5	85	U	117	u
22	SYN	54	6	86	V	118	v
23	ETB	55	7	87	W	119	w
24	CAN	56	8	88	X	120	x
25	EM	57	9	89	Y	121	y
26	SUB	58	:	90	Z	122	z
27	ESC	59	;	91	[	123	{
28	FS	60	<	92	\	124	|
29	GS	61	=	93	]	125	}
30	RS	62	>	94	^	126	~
31	US	63	?	95	_	127	DEL

附录 B　Python(3.11.1 版)常用内置函数表

函数原型	功能	返回值
A		
abs(x)	计算绝对值，参数 x 可以是整数、浮点数或复数	返回 x 的绝对值，如果参数 x 是一个复数，则返回它的模
all(iterable)		如果 iterable 的所有元素均为真值（或可迭代对象为空）则返回 True
anext(async_iterator)		Python 3.10 版本中的一个新函数。它在等待时从异步迭代器返回下一项，如果给定并且迭代器已用尽，则返回默认值
any(iterable)		如果 iterable 的任一元素为真值，返回 True；如果可迭代对象为空，返回 False
ascii(object)		返回一个字符串，表示对象的可打印 ASCII 码形式
B		
bin(x)	将一个整数转换为二进制数字符串	返回 x 的一个带前缀 "0b" 的二进制数字符串
bool()	构造一个布尔对象	
bytearray()	构造一个可变序列对象 bytearray	返回一个新的“bytes”对象，一个可变序列，包含范围为 0 ≤ x < 256 的整数
bytes()	构造一个不可变序列对象 bytes	返回一个新的“bytes”对象，一个不可变序列，包含范围为 0 ≤ x < 256 的整数
C		
callable(object)		
chr(x)	unicode 码转字符	返回 Unicode 码位为整数 x 的对应字符，例如，chr(97) 返回字符串 'a'，chr(8364) 返回字符串 '€'
complex(real = 0, imag = 0)	构造一个复数对象	返回一个实部是 real，虚部是 imag 的复数对象
D		
dict(** kwarg) dict(mapping, ** kwarg) dict(iterable, ** kwarg)	构造一个字典对象	
dir() dir(object)		如果没有实参，则返回当前本地作用域中的名称列表； 如果有实参，它会尝试返回该对象的有效属性列表

续附录 B

函数原型	功能	返回值
divmod(a,b)	计算商和余数	以 2 个(非复数)数字为参数,对于整数而言,结果与 (a//b,a%b) 相同;对于浮点数则结果为 (q,a%b),其中 q 通常为 math.floor(a/b),但可能比它小 1
E		
enumerate(iterable,start=0)	构造一个枚举对象	
eval(expression)		返回值就是表达式的求值结果
exec(object)	执行代码对象	
F		
filter(function,iterable)	使用 iterable 中 function 返回真值的元素构造一个迭代器	返回一个迭代器
float(x=0.0)	构造一个浮点数	返回从数字或字符串 x 生成的浮点数
format(value,format_spec='')	将 value 转换为"格式化后"的字符串形式,格式由 format_spec 进行控制	返回格式化后的字符串
frozenset(iterable=set())	构造一个 frozenset 对象	
G		
getattr(object,name) getattr(object,name,default)	获得对象属性值,object 中指定名称的属性的值。name 必须是字符串	
globals()		返回实现当前模块命名空间的字典
H		
hasattr(object,name)	查询对象是否有指定名称的属性	如果字符串是对象的属性之一的名称,则返回 True,否则返回 False
hash(object)	获取对象哈希值	返回对象 object 的哈希值
help()	启动内置的帮助系统	
hex()	将整数转换为十六进制数字串	返回带前缀 "0x" 前缀的小写十六进制数字符串
I		
id(object)	返回对象的"标识值"	该值是一个整数,在此对象的生命周期中保证是唯一且恒定的
input() input(prompt)	读取数据,以字符串形式	如果存在 prompt 实参,则将其写入标准输出,末尾不带换行符。接下来,该函数从标准输入中读取一行,将其转换为字符串(除了末尾的换行符)并返回。当读取到 EOF 时,则触发 EOFError
int(x=0) int(x,base=10)	构造一个整数对象,base 为基数	返回一个基于数字或字符串 x 构造的整数对象,或者在未给出参数时返回 0

续附录 B

函数原型	功能	返回值
isinstance(object,classinfo)	判断是否是类的实例	如果 object 参数是 classinfo 参数的实例，或者是其（直接、间接或虚拟）子类的实例则返回 True
issubclass()	判断是否是子类	如果 class 是 classinfo 的子类(直接、间接或虚拟)，则返回 True
iter(object) iter(object,sentinel)	构造一个 iterator 对象	
L		
len(x)	求取对象的长度（元素个数）	返回对象 x 的长度(元素个数)
list()	构造一个 list 对象	
locals()	更新并返回表示当前本地符号表的字典	
M		
map()	构造一个 map 对象	
max(iterable, * ,key=None) max(iterable, * ,default, key=None) max(arg1,arg2, * args, key=None)	求取最大值的元素	返回可迭代对象中最大的元素，或者返回 2 个及以上实参中最大的
memoryview()	构造一个由给定实参创建的“内存视图”对象	
min()	求取最小值的元素	返回可迭代对象中最小的元素，或者返回 2 个及以上实参中最小的
N		
next(iterator) next(iterator,default)	通过调用 iterator 的 __next__() 方法获取下一个元素	获取下一个元素。如果迭代器耗尽，则返回给定的 default
O		
object()	构造一个 object 对象	object 是所有类的基类。它带有所有 Python 类实例均通用的方法
oct(x)	将整数转换为八进制数字符串	返回十进制数 x 对应的带前缀 "0o" 的八进制数字符串
open(file,mode='r',buffering=-1,encoding=None, errors=None,newline=None,closefd=True, opener=None)	打开 file 并返回对应的 file object	

续附录 B

函数原型	功能	返回值
ord(x)	求字符 x 对应的 Unicode 码	返回代表 x 的 Unicode 码 例如 ord('a') 返回整数 97，ord('€')返回 8364
P		
pow(base,exp,mod=None)	求幂	返回 base 的 exp 次幂;如果 mod 存在，则返回 base 的 exp 次幂对 mod 取余
print(* objects,sep=' ',end='\n',file=None,flush=False)	打印输出	将 objects 打印输出至 file 指定的文本流，以 sep 分隔并在末尾加上 end
property(fget=None,fset=None,fdel=None,doc=None)	返回 property 属性	fget 是获取属性值的函数；fset 是用于设置属性值的函数；fdel 是用于删除属性值的函数;doc 为属性对象创建文档字符串
R		
range(stop) range(start,stop,step=1)	构造一个不可变的序列对象	
repr(object)	返回包含一个对象的可打印表示形式的字符串	
reversed(seq)	构造一个反向的序列对象 seq 必须是一个具有 __reversed__() 方法或是支持序列协议(具有 __len__() 方法和从 0 开始的整数参数的 __getitem__() 方法)的对象	返回一个反向的 iterator
round(number,ndigits=None)	对 number 作四舍五入	返回 number 舍入到小数点后 ndigits 位精度的值
S		
set()	构造一个 set 对象	
setattr(object,name,value)	设置一个对象属性和值	其参数为一个对象、一个字符串和一个任意值
slice()	构造一个 slice 对象	返回一个表示由 range(start,stop,step)指定的索引集的 slice 对象，start 和 step 参数默认为 None
sorted(iterable,/, * ,key=None,reverse=False)	排序	返回一个新的已排序序列

续附录 B

函数原型	功能	返回值
staticmethod()	将方法转换为静态方法	
str()	构造一个字符串对象	
sum(iterable,/,start=0)	从 start 开始自左向右对 iterable 的项求和	返回总计值
super() super(type,object_or_type=None)	构造一个代理对象	
T		
tuple()	构造一个 tuple 对象	
type(object)	返回 object 所属的类型	返回值是一个 type 对象，通常与 object.__class__ 所返回的对象相同
V		
vars() vars(object)	返回模块、类、实例或任何其他具有 __dict__ 属性的对象的 __dict__ 属性	
Z		
zip(* iterables,strict=False)	在多个迭代器上并行迭代，从每个迭代器返回一个数据项组成元组	
__import__(name,globals=None,locals=None,fromlist=(),level=0)		

注意，上表没有列出 Python3. 11. 1 版本支持的所有内置函数。另外，对于不同版本，内置函数的种类和数量会有所差异，一般低版本中出现的函数在高版本中仍可以使用。想了解当前安装的 Python 内置函数完整的列表，可以通过如下命令行查看：

```
import builtins
print(dir(builtins))
```